“十四五”职业教育国家规划教材

职业技术教育课程改革规划教材
光电技术应用技能训练系列教材

典型激光加工设备的应用与维护

DIAN XING JIGUANG JIAGONG SHEBEI DE YINGYONG YU WEIHU

主　编　高　帆　毕宪东
副主编　杨海亮　李仲立　吴素青　李效利
参　编　柴向峰　谷子平　翟　磊　孔艳莉　蒋丽丽
主　审　董　彪　朱　强

华中科技大学出版社
http://press.hust.edu.cn
中国·武汉

内容简介

本书是职业技术教育课程改革规划教材，适合激光技术应用专业和光机电技术类专业职业院校学生使用。本书的主要内容有典型激光设备的使用，包括激光打标机、激光内雕机、激光焊接机、激光雕切机和UV打印机的使用，以及激光光路调试等。激光技术作为一种新的科学技术有着广阔的应用前景。快速、精准是其最大的优势，激光不仅能够在精密仪器上打标，还可以对地毯等进行快速切割。激光设备在现代工业领域的贡献极大，其推进工业快速发展。为便于教学，本书配备了网络资源，选择本书作为教材的教师和读者可登录 www.icve.com.cn 网站，免费注册、下载相关资源。

本书可作为职业院校激光技术应用专业和光机电技术类专业教材，也可供相关从业人员参考。

图书在版编目(CIP)数据

典型激光加工设备的应用与维护/高帆，毕宪东主编. —武汉：华中科技大学出版社，2019.8(2024.1 重印)
职业技术教育课程改革规划教材　光电技术应用技能训练系列教材
ISBN 978-7-5680-5484-3

Ⅰ.①典…　Ⅱ.①高…　②毕…　Ⅲ.①激光加工-工业生产设备-职业教育-教材　Ⅳ.①TG665

中国版本图书馆 CIP 数据核字(2019)第 196040 号

典型激光加工设备的应用与维护
Dianxing Jiguang Jiagong Shebei de Yingyong yu Weihu　　　　高　帆　毕宪东　主编

策划编辑：祖　鹏　王红梅
责任编辑：李　露
封面设计：秦　茹
责任校对：刘　竣
责任监印：徐　露
出版发行：华中科技大学出版社(中国·武汉)　　电话：(027)81321913
　　　　　武汉市东湖新技术开发区华工科技园　　邮编：430223
录　　排：武汉市洪山区佳年华文印部
印　　刷：武汉开心印印刷有限公司
开　　本：787mm×1092mm　1/16
印　　张：10.5
字　　数：249 千字
版　　次：2024 年 1 月第 1 版第 6 次印刷
定　　价：32.00 元

前言

随着科技的发展、时代的进步，激光已经从一个遥不可及的高科技产品慢慢步入人们的生活当中。激光的应用非常广泛，如用于科技、医学、工业、通信等领域。我们熟知的有：光纤通信、激光光谱、激光切割、激光焊接、激光裁床、激光打标、激光绣花、激光测距、激光雷达、激光武器、激光唱片、激光美容、激光扫描等。

本书是推进职业教育信息化建设水平的重要尝试，是用现代信息技术改造职业教育传统教学模式的积极探索。职业教育的教学改革和信息化建设依托产业发展和技术的不断更新。本书在编写过程中突出前瞻性、互融性、多样性、趣味性、先进性。本书主要介绍典型激光设备的使用，包括激光打标机、激光内雕机、激光焊接机、激光雕切机和 UV 打印机的使用，以及激光光路调试等内容。本书重点强调培养学生的思维创造能力和设计能力，并培养学生将设想变为产品的动手能力。本书编写模式新颖，采用团队通力协作、校企深度合作的模式编写完成。

本书作为教材有以下几点说明：① 教学模式采用理实一体化教学；② 课程安排在二年级更为合适；③ 学时安排为 120 学时左右较为合适。

2018 年 3 月 31 日，在由武汉天之逸科技有限公司主办、华中科技大学出版社有限责任公司承办、全国几十家职业院校参与的“2018 年激光加工技术中高职系列专业教材研讨会”上确立了本书的编写任务。本书的编写是校企深度合作的成果，也是河南省特色示范专业建设的亮点之一。

在教材编写过程中得到了武汉天之逸科技有限公司的大力支持，编者借助技术公司的支持，充分利用各种资源，终于完成了一本适合中、高职院校学生使用的教材，该教材也可供相关从业人员参考。由于时间仓促，教材难免存在错误和不足之处，希望广大读者给予批评指正。

编者

2019 年 7 月

目　　录

项目一

激光打标机的使用

项目描述

激光，全称为受激辐射光放大，英文全称为 Light Amplification by Stimulated Emission of Radiation，简称 Laser。它是一种新光源，其所具有的相干性、单色性、方向性与高输出功率是其他光源所无法比拟的。

激光标刻是指用激光束在各种不同的物质表面打上永久的标记。标刻的效应是通过表层物质的蒸发露出深层物质，或者是通过光能使表层物质发生物理化学变化而"刻"出痕迹，或者是通过光能烧掉部分物质，显示出所需刻蚀的图案、文字。

激光标刻的特点如下。

(1) 标记永久耐磨。激光照射工件表面，局部产生高温，从而使材料本身汽化或在高温下被氧化而产生印记，除非材质本身被破坏，否则激光标记不会被磨损。

(2) 无接触式加工。激光标记是激光束照射工件表面而留下的印记，无外力作用于材质表面，无刀具磨损。

(3) 任意图形编辑。激光标记设备均采用计算机控制，可对任意图形文字进行编辑输出，无须制版制模。

(4) 高效率、低成本。激光束在计算机的控制下可以高速移动，通过分光技术，还可以实现多工位同时加工，提高效率。

(5) 环保无污染。相对于传统的丝网印刷和化学腐蚀等标记方法，激光标刻无三废物质排放，因而工作环境清洁。

本项目将以 TY-FM-20 型激光打标机标刻金属名片、矢量图和位图为例，介绍激光标刻的方法、加工步骤以及参数设置。

TY-FM-20 型激光打标实训系统如图 1-0-1 所示。

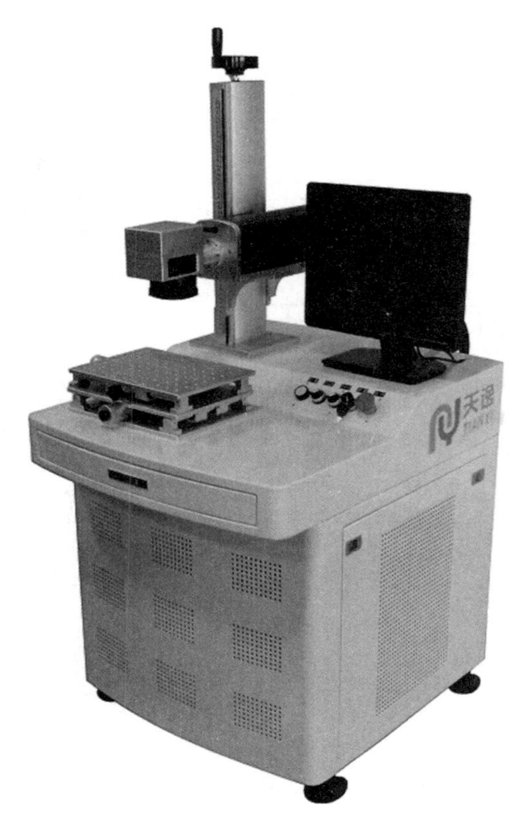

图 1-0-1 TY-FM-20 型激光打标实训系统

项目目标

【知识目标】

了解激光标刻的原理及特点，掌握 TY-FM-20 型激光打标机的标刻方法和步骤。

【能力目标】

会运用 EzCad2 软件设计并标刻金属名片，掌握矢量图及位图的标刻步骤及参数设置。

【职业素养】

培养学生将设想变为产品的动手能力，提高学生的自我学习能力，为今后工作奠定坚实的基础。

项目准备

【资源要求】

TY-FM-20 型激光打标实训系统一套。

【材料工具准备】

金属卡片。

【相关资料】

（1）TY-FM-20 型激光打标机说明书。

（2）EzCad2 软件使用说明书。

项目分解

任务 1　金属名片的激光标刻

任务 2　矢量图的激光标刻

任务 3　位图的激光标刻

任务 1　金属名片的激光标刻

【接受工作任务】

1. 引入工作任务

在金属材料上标刻名片，名片的设计如图 1-1-1 所示，标刻成品如图 1-1-2 所示。此任务需要学生掌握用激光打标机制作名片的操作步骤，以及会熟练运用打标软件 EzCad2 进行名片的制作与编辑。

天逸 TIANYI　武汉天之逸科技有限公司 Wuhan Tianzhiyi Technology Co.,Ltd.

余天成

项目经理

Tel:18627000000

QQ:3296380000

总部：武汉市洪山区汤逊湖北路长城科技园知新楼

电话：400-827-0050

传真：027-59901000

网址：http://www.tzy88.com

邮编：430074

图 1-1-1　名片设计成品

2. 任务目标及要求

1）任务目标

运用打标软件 EzCad2 进行名片的制作与编辑，调试激光打标机参数，根据打标步骤标刻金属名片。

2）任务要求

（1）了解激光打标机的标刻原理与标刻特点。

（2）熟练运用打标软件 EzCad2 进行名片的制作与编辑。

图 1-1-2 名片标刻成品

（3）掌握用激光打标机标刻名片的方法和步骤。

【信息收集与分析】

1. 激光标刻原理

激光几乎可对所有零件（如活塞、活塞环、气门、阀座、五金工具、卫生洁具、电子元器件等）标刻，且标记耐磨，生产工艺易实现自动化，被标记部件形变小。

TY-FM-20 型激光打标实训系统采用振镜扫描方式进行标刻，即将激光束入射到两反射镜上，利用计算机控制扫描电机带动反射镜分别沿 X、Y 轴转动，激光束聚焦后落到被标记的工件上，从而形成了激光标记痕迹。原理如图 1-1-3 所示。

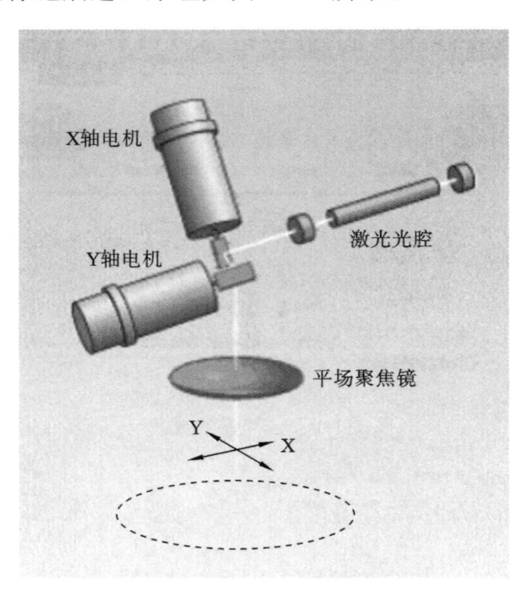

图 1-1-3 TY-FM-20 型激光打标实训系统标刻原理

2. 产品结构及主要技术指标

TY-FM-20 型激光打标实训系统是集激光器系统、计算机控制系统、机械系统、检测及自动控制技术等于一体的高科技产品，如图 1-1-4 所示。

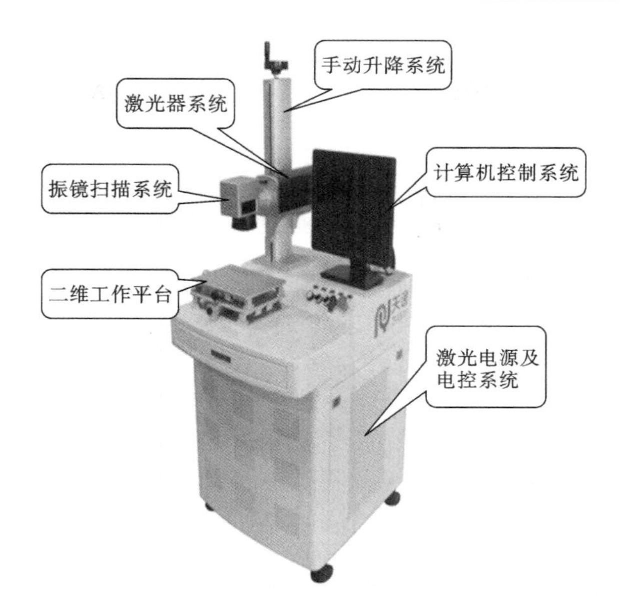

图 1-1-4 TY-FM-20 型激光打标实训系统构成

该激光打标系统采用振镜扫描方式，速度快、精度高，可长时间工作，能在大多数金属材料及部分非金属材料上进行刻写或用于制作难以仿制的永久性防伪标记。

该系统主要由激光器系统、激光电源、振镜扫描系统、计算机控制系统、指示系统、聚焦系统等组成。

1）激光器系统

激光器系统是整个产品的核心，其实质由两个部件构成，即光纤激光器和激光器电源，如图 1-1-5 所示。TY-FM-20 型激光打标实训系统采用的是 20W 的光纤激光器。

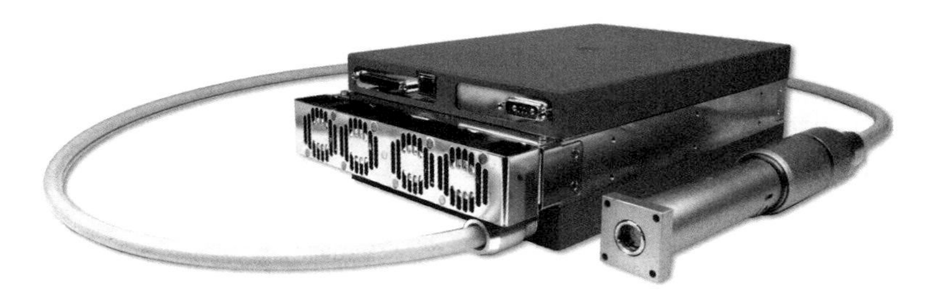

图 1-1-5 激光器构成

2）激光电源

系统采用新型激光电源，具有流量水压保护、断电保护、过压/过流保护等功能，技术指标如表 1-1-1 所示。

3）振镜扫描系统

振镜扫描系统由光学扫描器和伺服电机两部分组成。整个系统采用新技术、新材料、新工艺、新工作原理设计和制造。

光学扫描器与偏转工作方式为动磁式和动圈式的伺服电机连接，其具有扫描角度大、峰

表 1-1-1 激光电源技术指标

项　　目	指　　标
激光功率	≥20 W
调制频率范围	20～100 kHz
供电电源	220 V 50 Hz 单相交流电源
最大用电功率	≤1 kW
效率	≥80%
过压保护	115%～135%
过流保护	110%～120%

值力矩大、负载惯量大、机电时间常数小、工作速度快、稳定可靠等优点。精密轴承消隙机构提供了超低轴向和径向跳动误差；先进的高稳定性精密位置检测传感技术使设备具备高线性度、高分辨率、高重复性和低漂移性。

光学扫描器分为 X 方向扫描系统和 Y 方向扫描系统，每个伺服电机轴上固定着激光反射镜片。由计算机发出的指令控制每个伺服电机的扫描轨迹。

4）计算机控制系统

计算机控制系统是整个激光打标机系统控制和指挥的中心，同时也是打标软件安装的载体。通过对振镜扫描系统等的协调控制完成对工件的标刻处理。

TY-FM-20 型激光打标实训系统的计算机控制系统主要包括机箱、主板、CPU、硬盘、内存条、专用标刻板卡、软驱、显示器、键盘、鼠标等。

5）指示系统

指示光波的波长为 630 nm，为可见红光，安装于激光器光具座的后端。其主要作用有两点：

（1）指示激光加工位置；

（2）为光路调整提供指示基准。

6）聚焦系统

聚焦系统的作用是将平行的激光束聚焦于一点。主要采用 f-θ 透镜，不同的 f-θ 透镜的焦距不同，标刻效果和范围也不一样，TY-FM-20 型激光打标实训系统标准配置的透镜焦距 f=160 mm，有效扫描范围为 110mm×110mm。用户可根据需要选配不同型号的透镜。

7）输入/输出接口

本机提供了一些配合生产线流程的基本输入/输出接口，以 10 芯航插的形式固定在设备电源柜后侧底部，信号的具体定义如下。

1 号脚：输出口 1 电子开关的＋端。

2 号脚：输出口 1 电子开关的－端。

3 号脚：输出口 0 电子开关的＋端。

4 号脚：输出口 0 电子开关的－端。

5 号脚：不接。

6 号脚：输入口 1 的＋端(24V 型)。

7 号脚：输入口 1 的＋端(5V 型)。

8 号脚：输入口 0 及 1 的一端。

9 号脚：输入口 0 的＋端(5V 型)。

10 号脚:输入口 0 的＋端(24V 型)。

注:以上信号如接法不当,可能会导致烧坏板卡。

3. EzCad2 软件简介

1) 软件安装

EzCad2 软件需要运行在主频为 300 MHz 以上,内存为 64 M 以上,硬盘为 10 G 以上的计算机上。要求选用 Microsoft Windows 操作系统(98 SE/2000/XP),本书之后的全部内容均默认为选择 Microsoft Windows 操作系统。

2) 软件功能

本软件具有以下主要功能。

- 支持用户自由设计所要加工的图形图案。
- 支持 TrueType 字体、单线字体(JSF)、点阵字体(DMF)、一维条形码和 DataMatrix 等二维条形码。
- 具备灵活的变量文本处理功能,支持用户在加工过程中实时改变文字。
- 具备强大的节点编辑功能和图形编辑功能,可进行曲线焊接、裁减和求交运算。
- 支持多达 256 支笔,可以为不同对象设置不同的加工参数。
- 兼容常用图像格式(bmp、jpg、gif、tga、png、tif 等)。
- 兼容常用矢量图形(ai、dxf、dst、plt 等)。
- 具备常用的图像处理功能(灰度转换、黑白图转换、网点处理等),可以进行 256 级灰度图片加工。
- 具备强大的填充功能,支持环形填充。
- 具备多种控制对象,用户可以自由控制系统与外部设备交互。
- 具备开放的多语言支持功能,支持世界各国语言。

3) 启动界面

开始运行程序时,显示启动界面(见图 1-1-6),程序在后台进行初始化操作。

图 1-1-6 软件启动界面

软件主界面如图 1-1-7 所示。

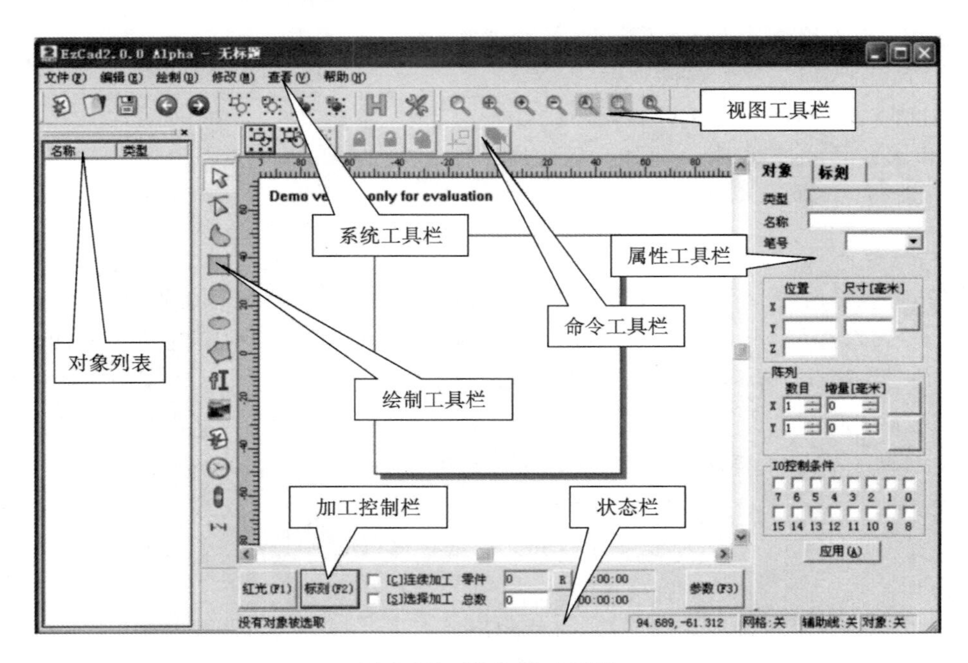

图 1-1-7 EzCad2 主界面

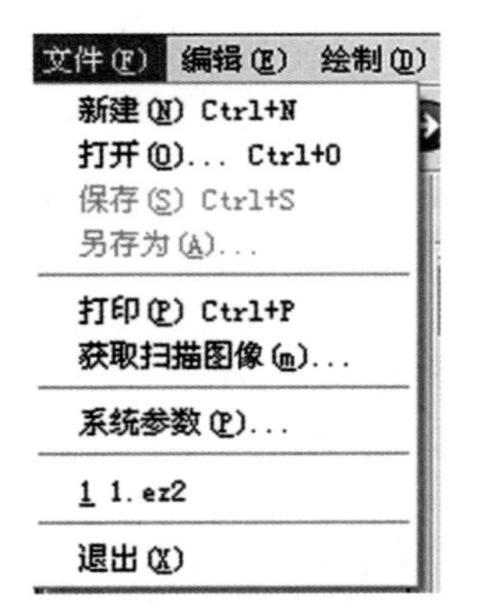

图 1-1-8 文件菜单

4）文件菜单

文件菜单用于实现一般的文件操作，如新建、打开、保存、获取扫描图像等功能，如图1-1-8所示。

（1）新建(N)。

新建子菜单用于新建一个空白工作空间以供作图，其快捷键为 Ctrl＋N。新建子菜单时，软件将会关闭当前正在编辑的文件，同时建立一个新的文件。如果用户当前正在编辑的文件没有保存，则软件会询问用户是否保存该文件。

新建子菜单对应的工具栏图标为，点击该图标可以实现同样的操作。

当用户将鼠标指针移动到工具栏中的新建图标并稍微停顿后，系统将会出现一条提示信息，简单说明该图标的功能，同时在主界面窗口下方状态栏上显示该功能的详细解释。如果用户将鼠标指针移动到菜单栏中的新建子菜单上，则只会在状态栏出现详细解释，提示信息不会出现。

提示：EzCad2 软件中所有的工具栏图标都具有提示信息以及在状态栏显示详细信息的功能。同时，每一个工具栏图标都会对应于某一项菜单项，两者实现同样的功能。

（2）打开(O)。

打开子菜单用于打开一个保存在硬盘上的 ezd 文件，其快捷键为 Ctrl＋O。当选择打开子菜单时，系统将会出现一个打开文件的对话框，如图 1-1-9 所示。要求用户选择需要打开的文件。当用户选择了一个有效的 ezd 文件后，该对话框下方将显示该文件的预览图形（本功能要求用户在保存该文件的同时保存了预览图形）。

图 1-1-9　打开对话框

打开子菜单对应的工具栏图标为。

用户不能使用打开子菜单来打开不符合 ezd 文件格式的文件。

(3) 保存(S),另存为(A)。

保存子菜单用于以当前的文件名保存正在绘制的图形,另存为子菜单用来将当前绘制的图形保存为另外一个文件名。两者都实现保存文件的功能。

如果当前文件已经有了文件名,则保存命令以该文件名保存当前绘制的图形,否则将弹出保存为对话框,要求用户选择保存文件的路径以及提供文件名,如图 1-1-10 所示。无论当

图 1-1-10　保存为对话框

前文件是否有文件名，选择另存为命令都会弹出另存为对话框，要求用户提供新的文件名以供保存，此时，旧的文件不会被覆盖。

如果用户选择了“保存预览图片”，则在打开该文件时，用户可以预览该文件的图形。

保存菜单对应的工具栏图标为。

【制订工作计划】

为金属名片的激光标刻制订工作计划，如表 1-1-2 所示。

表 1-1-2 金属名片的激光标刻工作计划

步骤	工作内容
1	开启总电源开关，使整机设备通电
2	开启计算机并打开打标软件 EzCad2
3	开启设备红光、设备振镜和设备激光
4	激光对焦
5	设计名片
6	调整激光参数
7	打开红光，放置材料
8	关闭红光，标刻名片
9	完成金属名片的标刻

【任务实施】

1. 安全常识

(1) 使用任何激光系统时应切记：安全第一！

(2) 激光器正常工作期间，打标机内部不得增设任何零件及物品；不得在机盖打开时使用设备。

(3) 打标机使用四类激光器，其输出功率最高，而且非肉眼可见，是较危险的激光器，其原光束、镜式反射光束及漫反射光束都可能会烧伤人的眼睛与皮肤，因此请使用者做好安全防护措施。

(4) 开机过程中，严禁用肉眼直视出射激光和反射激光，以防伤害眼睛。

(5) 有激光输出时，使用者必须佩戴专业的激光防护眼镜。

(6) 检修设备时必须切断电源，设备不需工作时请勿接通电源，并保证设备良好接地。

(7) 设备周围禁止存放易燃易爆物品。

(8) 设备起火或发生爆炸时，请先切断所有电源，并使用二氧化碳或者干粉灭火器灭火。

(9) 在安装、使用设备时，应在显眼位置醒目标明“当心激光”等字样。

(10) 使用过程中若产生疑问，请咨询受过专业培训的熟悉此类设备的工程师。

2. 工具及材料准备

金属卡片。

3. 教师操作演示

（1）开启总电源开关，使整机设备通电，总电源开关如图 1-1-11 所示。

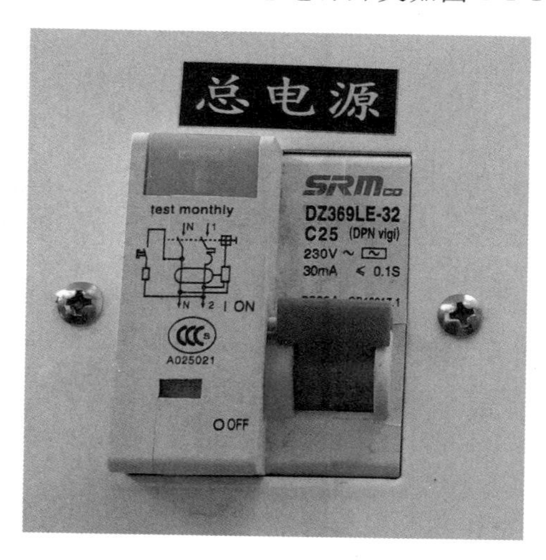

图 1-1-11　总电源开关

（2）开启计算机并打开打标软件 EzCad2(2.14.1 版本)，如图 1-1-12 所示。

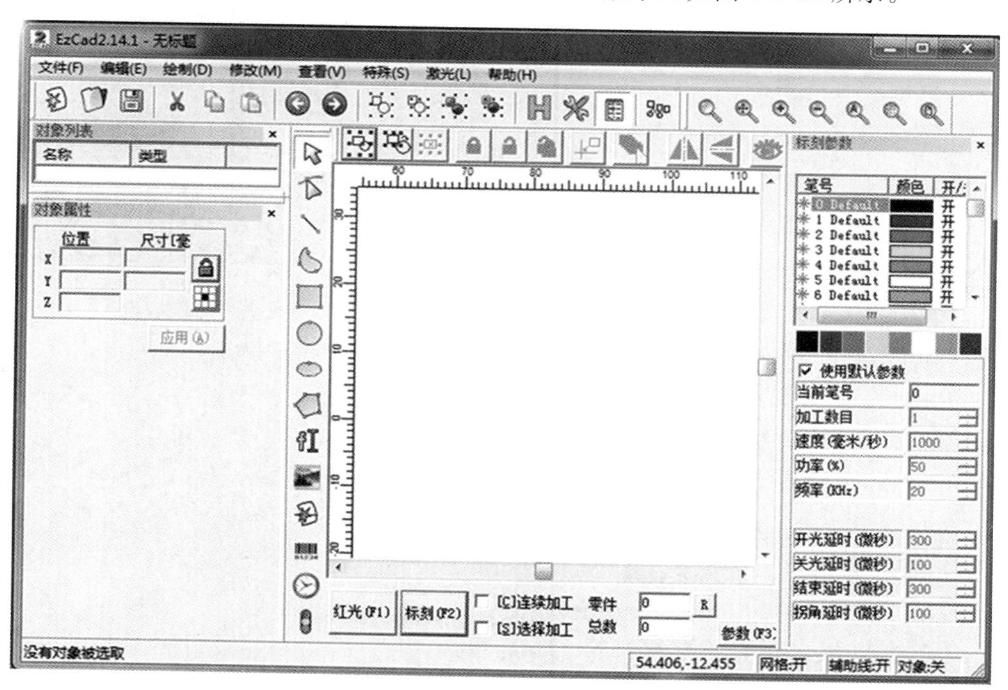

图 1-1-12　EzCad2 软件界面

（3）开启设备红光、设备振镜和设备激光，对应按钮如图 1-1-13 所示。

（4）激光对焦。在激光打标软件上随意画一个小图形并将其填充，勾选连续标刻，开始激光标刻，调节主操作台升降轴，激光焦点光斑达到最亮、最响时完成对焦，如图 1-1-14 所示。

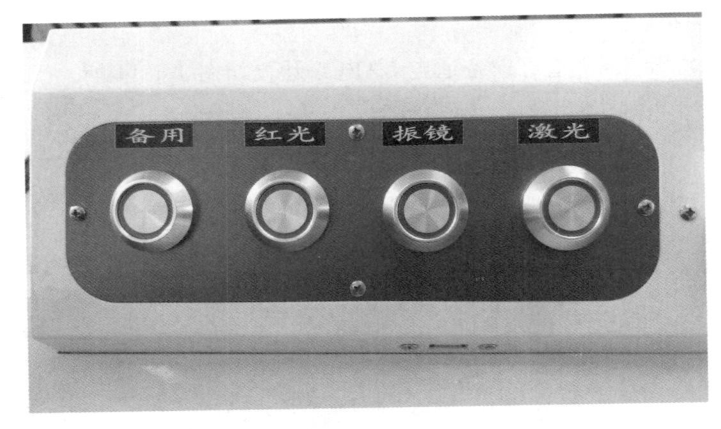

图 1-1-13 设备红光、设备振镜和设备激光按钮

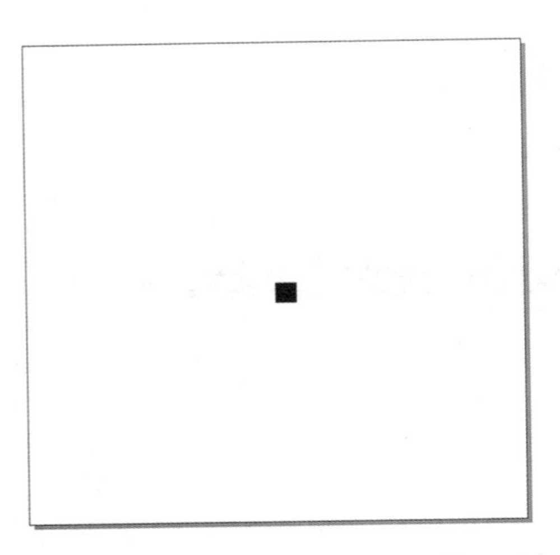

图 1-1-14 激光对焦

(5) 设计名片。在打标软件 EzCad2 上设计如图 1-1-15 所示的名片。

天逸
TIANYI
武汉天之逸科技有限公司
Wuhan Tianzhiyi Technology Co.,Ltd.

余天成
项目经理
Tel:18627000000
QQ:3296380000

总部：武汉市洪山区汤逊湖北路长城科技园知新楼
电话：400-827-0050
传真：027-59901000
网址：http://www.tzy88.com
邮编：430074

图 1-1-15 设计名片

(6) 调整激光参数，如图 1-1-16 所示。

(7) 打开红光，放置材料，如图 1-1-17 所示。

(8) 关闭红光，标刻名片，如图 1-1-18 所示。

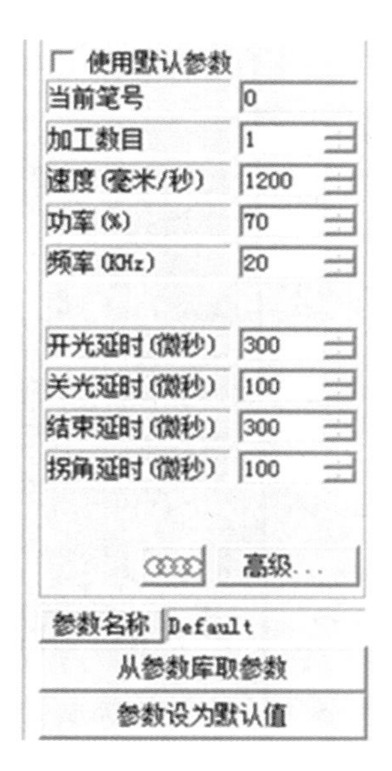

图 1-1-16　激光参数

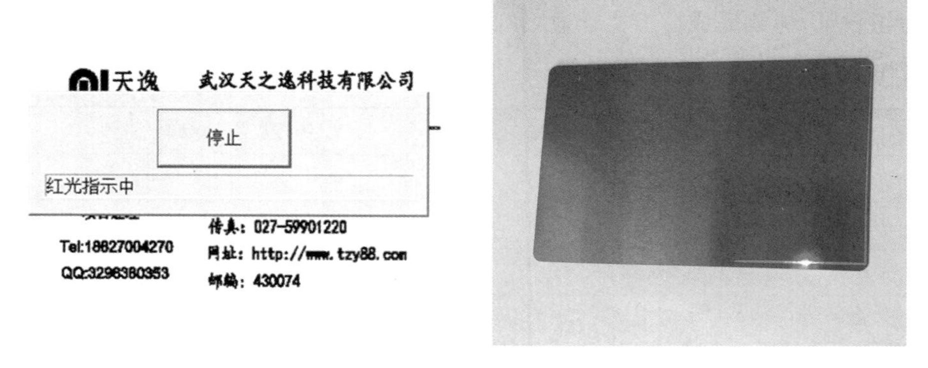

图 1-1-17　打开红光，放置材料

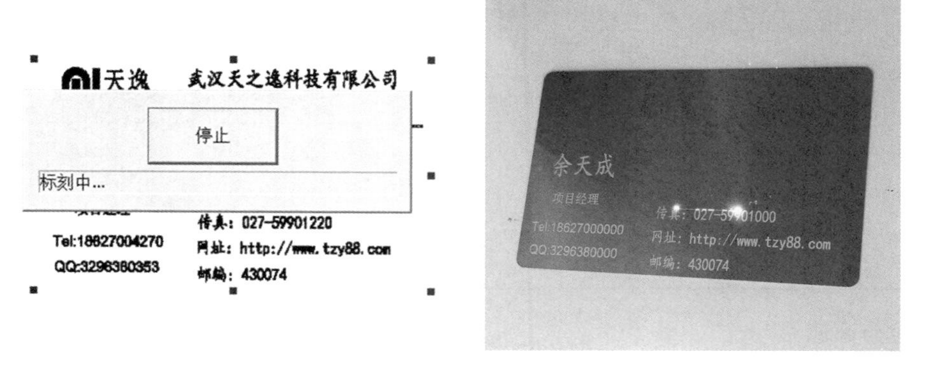

图 1-1-18　标刻名片

（9）完成金属名片的标刻，如图 1-1-19 所示。

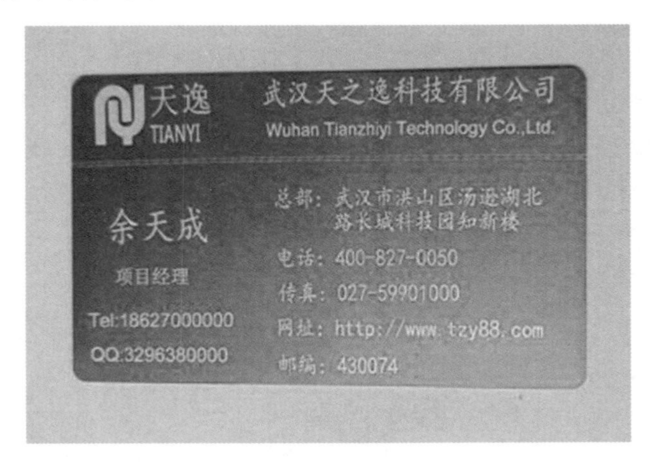

图 1-1-19 标刻完成

4. 学生操作

学生在教师的指导下进行分组操作，运用 EzCad2 软件设计名片并在金属卡片上完成激光标刻，每组设计、标刻完成后上交作业，教师进行总结、评价。

5. 工作记录

序号	工 作 内 容	工 作 记 录

工作后的思考：

【检验与评估】

1. 教师考核

2. 小组评价

3. 自我评价

【知识拓展】

1. 激光打标机分类

1）按激光器分

激光打标机按激光器可分为灯泵浦激光打标机、半导体激光打标机、二氧化碳激光打标机和光纤激光打标机四大类，如图 1-1-20 所示。

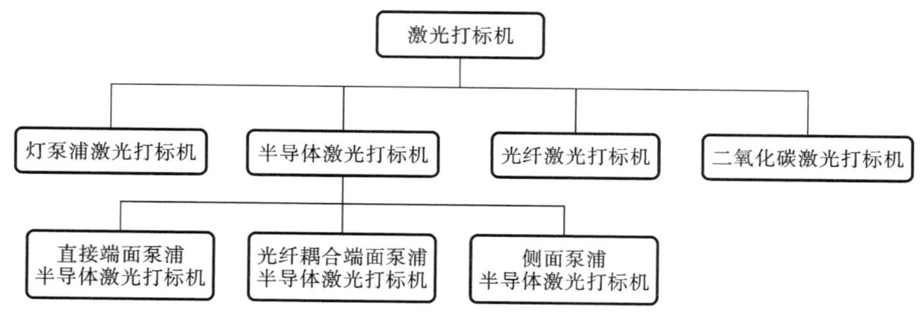

图 1-1-20　激光打标机分类

（1）灯泵浦激光打标机。

灯泵浦激光打标机部分结构如图 1-1-21 所示。

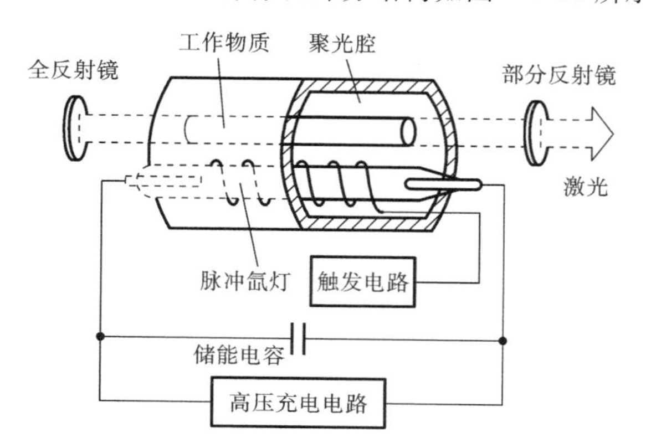

图 1-1-21　灯泵浦激光打标机部分结构

(2) 半导体激光打标机。

半导体激光打标机中的半导体激光器采用 Nd：YAG 晶体棒作为激光介质。Nd：YAG 晶体将激光介质钕(Nd)原子掺在钇铝石榴石(YAG)中，Nd 原子在 YAG 中的最佳含量为总重量的 1%左右，该晶体的全称是掺钕钇铝石榴石晶体。Nd：YAG 晶体一般被制作成棒状。半导体激光器采用以发光二极管为激励的泵浦源。泵浦所用的激光二极管或激光二极管阵列出射的泵浦光经由会聚光学系统耦合到晶体棒上，由一个反射率为 100%的反射镜作后镜，由一个反射率为 90%(透过率为 10%)的反射镜作前镜，它们共同组成光学谐振腔，以实现光学谐振，如图 1-1-22 所示。

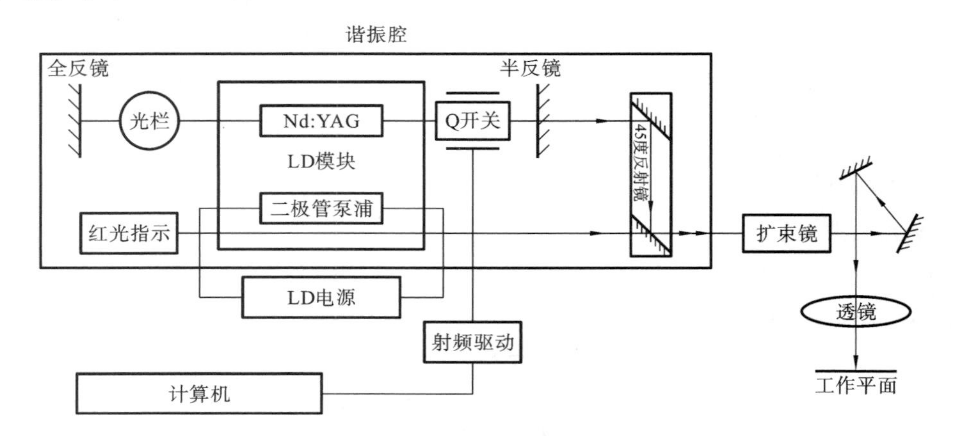

图 1-1-22 半导体激光打标机

(3) 二氧化碳激光打标机。

二氧化碳激光打标机中的激光器的工作物质为 CO_2、He、N_2、Xe 混合气体。激光由 CO_2 分子发射，其他气体协助改善激光器的工作条件，提高激光器输出功率水平和使用寿命。

(4) 光纤激光打标机。

光纤激光打标机中的光纤激光器是用掺稀土元素玻璃光纤作为增益介质的激光器，光纤激光器可在光纤放大器的基础上开发出来：在泵浦光的作用下光纤内极易形成高功率密度，造成激光工作物质的激光能级粒子数反转，适当加入正反馈回路(构成谐振腔)后便可形成激光振荡输出，如图 1-1-23 所示。

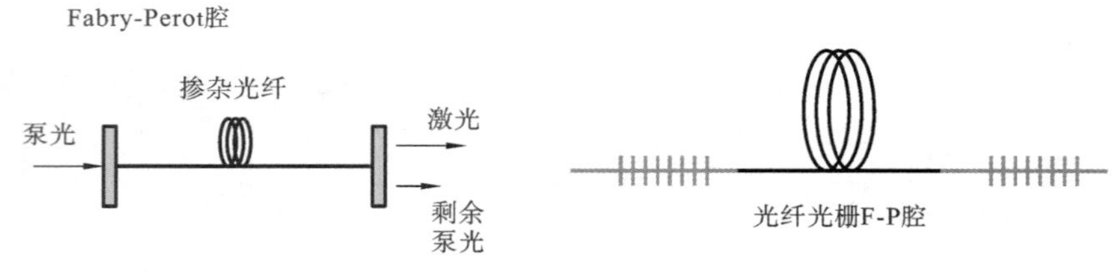

图 1-1-23 光纤激光打标机

2) 按工作方式分

激光打标机按工作方式可分为连续型激光打标机和脉冲型激光打标机。

3) 按激光器波长分

激光打标机按激光器波长可分为红外光激光打标机、可见光激光打标机、紫外光激光打标机。

4）按激光器扫描方式分

激光打标机按激光器扫描方式可分为光路静止型激光打标机和光路运动型激光打标机，典型的有振镜式激光打标机、工作台运动式激光打标机、X/Y 轴激光运动式激光打标机。

【思考与练习】

利用 EzCad2 软件设计并标刻一张金属名片。

任务 2　矢量图的激光标刻

【接受工作任务】

1. 引入工作任务

矢量图是根据几何特性来绘制的图形，其利用线段和曲线描述图像，矢量图只能靠软件生成，由于矢量图表现的图像颜色比较单一，因此其所占用的空间会很小。矢量图与分辨率无关，将它缩放为任意大小和以任意分辨率在输出设备上打印出来，都不会影响其清晰度。矢量图的格式有很多，如 Adobe Illustrator 的 ai、eps 和 svg、AutoCAD 的 dwg 和 dxf、corel draw 的 cdr 等。矢量图示例如图 1-2-1 所示，成品样式如图 1-2-2 所示。此任务要求学生掌握用激光打标机标刻矢量图的步骤，能熟练运用打标软件 EzCad2 进行矢量图的导入、编辑及参数设置。

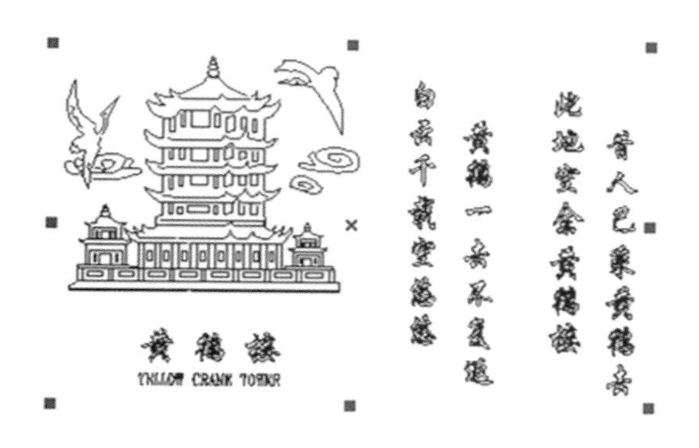

图 1-2-1　矢量图示例

图 1-2-2　矢量图标刻成品

2. 任务目标及要求

1）任务目标

运用打标软件 EzCad2 导入矢量图并进行编辑，调试激光打标机参数，根据打标步骤在金属卡片上标刻矢量图。

2）任务要求

（1）了解激光标刻的影响因素。

（2）熟练运用打标软件 EzCad2 导入矢量图并进行编辑。

（3）掌握用激光打标机标刻矢量图的方法和步骤。

【信息收集与分析】

1. 激光标刻影响因素

1）设备参数影响

振镜式激光打标机的主要参数有标刻线宽、直线扫描速度、标刻深度、重复精度、标刻范围等。标刻线宽和重复精度影响激光标刻的精细度和精密度。标刻范围大的设备，其适用范围更广，同时，标刻同样大小图案的效果也比标刻范围较小的设备更佳。更深的标刻深度对激光器提出了更高的要求，标刻深度大的设备更易得到良好的加工效果。直线扫描速度则直接影响加工的效率。

2）激光参数影响

激光参数是影响激光标刻效果最重要的因素之一，主要包括激光波长、激光功率、激光模式、光斑半径、模式稳定性等。

激光波长影响打标机的加工对象范围，更短的激光波长利于金属材料对其能量的吸收，同时利于聚焦成更小的光斑，得到加工所需的更大的功率（能量）密度。

激光标刻更倾向于用低阶模激光，低阶模激光束犹如一把更为锋利的“激光刀”，可在工件表面“刻”下较深的痕迹，同时标刻的文字和图案会更精致。

光斑半径越小，激光功率（能量）越集中，激光的标刻能力越强、刻线更精细。

模式稳定性影响加工质量的稳定性。

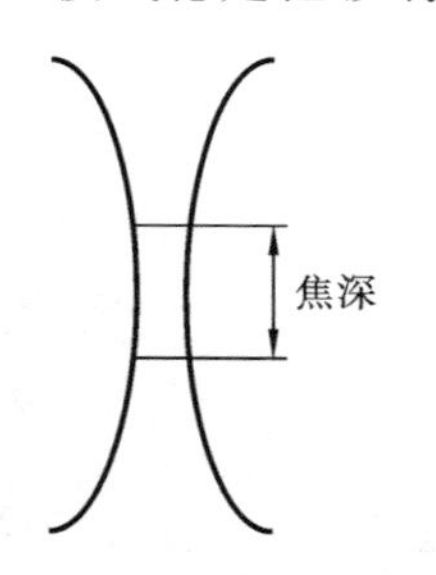

图 1-2-3　焦深与激光束

3）加工参数影响

标刻速度、激光器输出功率、焦点位置、脉冲频率和脉冲宽度是影响激光标刻的加工参数。

标刻速度影响光束与材料的作用时间，在一定的激光器输出功率下，过低的速度会导致热量的过量输入从而使金属材料激光作用区产生锈蚀、非金属材料产生熔化甚至碳化、脆性材料开裂。较低的速度可以产生较大的标刻深度。

在焦点位置不变的情况下，激光器输出功率和标刻速度共同决定标刻时的热输入量。经过聚焦的激光光束如图 1-2-3 所示，应使工件标记表面位于焦深范围内，此时激光功率密度最高，激光刻蚀效果最好。对于固体打标机，通常通过调节升降台来观察金属板标刻区热辐射光的亮度和标刻声音的清脆程度，以识别工件表面是否在焦深范围内，标刻面在焦深范围内时，光亮强且声音清脆。有时为了达到特殊标记效果，可通过正离焦和负离焦来实现。

在激光电源输出电流一定的情况下，可通过降低声光开关的调制频率和脉宽来提高激光峰值功率（平均功率降低）。激光峰值功率较高时，容易在工件表面形成“刻蚀”的效果；同样，通过提高调制频率和脉宽可以降低峰值功率（平均功率提高）。激光峰值功率较低时，容易在工件表面形成“烧蚀”的效果。

4）材料因素影响

影响激光标刻的材料因素主要有材料表面反射率、材料表面状态、材料的物理化学特性、材料种类。材料表面反射率、材料表面状态影响材料对激光能量的吸收，材料的物理化学特性（如材料的熔点、沸点、比热容、热导率等）影响激光与材料相互作用时的物理化学过程。

2. EzCad2 软件介绍——矢量图

如果要输入矢量文件，可在绘制菜单中选择矢量文件命令或者点击图标。此时系统弹出如图 1-2-4 所示的对话框，用户可选择要输入的矢量文件。

当前系统支持的矢量图格式有：ai、dxf、dst、plt 等。

用户输入矢量图后，属性工具栏显示如图 1-2-5 所示的矢量图参数。

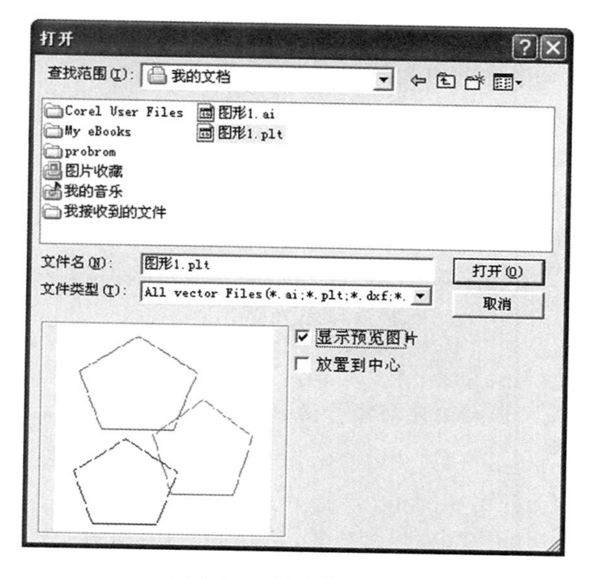

图 1-2-4　输入矢量文件

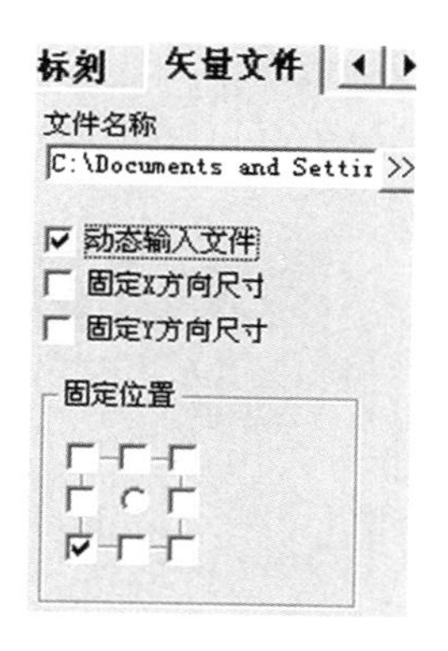

图 1-2-5　矢量图参数

【制订工作计划】

为矢量图的激光标刻制订工作计划，如表 1-2-1 所示。

表 1-2-1　矢量图的激光标刻工作计划

步　骤	工 作 内 容
1	开启总电源开关，使整机设备通电
2	开启计算机并打开打标软件 EzCad2
3	开启设备红光、设备振镜和设备激光
4	激光对焦
5	导入矢量图并编辑
6	调整激光参数
7	打开红光，放置金属卡片
8	关闭红光，标刻矢量图
9	完成矢量图的标刻

【任务实施】

1. 安全常识

(1) 使用任何激光系统时应切记:安全第一!

(2) 激光器正常工作期间,打标机内部不得增设任何零件及物品;不得在机盖打开时使用设备。

(3) 打标机使用四类激光器,其输出功率最高,而且非肉眼可见,是较危险的激光器,其原光束、镜式反射光束及漫反射光束都可能会烧伤人的眼睛与皮肤,因此请使用者做好安全防护措施。

(4) 开机过程中,严禁用肉眼直视出射激光和反射激光,以防伤害眼睛。

(5) 有激光输出时,使用者必须佩戴专业的激光防护眼镜。

(6) 检修设备时必须切断电源,设备不需工作时请勿接通电源,并保证设备良好接地。

(7) 设备周围禁止存放易燃易爆物品。

(8) 设备起火或发生爆炸时,请先切断所有电源,并使用二氧化碳或者干粉灭火器灭火。

(9) 在安装、使用设备时,应在显眼位置醒目标明"当心激光"等字样。

(10) 使用过程中若产生疑问,请咨询受过专业培训的熟悉此类设备的工程师。

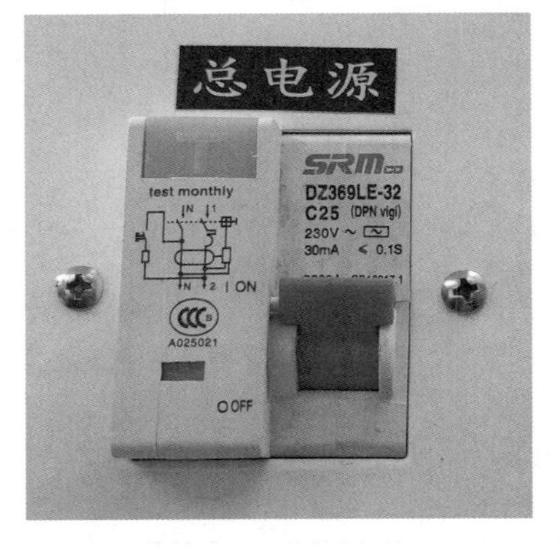

图 1-2-6 总电源开关

2. 工具及材料准备

金属卡片。

3. 教师操作演示

(1) 开启总电源开关,使整机设备通电,总电源开关如图 1-2-6 所示。

(2) 开启计算机并打开打标软件 EzCad2,如图 1-2-7 所示。

(3) 开启设备红光、设备振镜和设备激光,对应按钮如图 1-2-8 所示。

(4) 激光对焦。在激光打标软件上随意画一个小图形并将其填充,勾选连续标刻,开始激光标刻,调节主操作台升降轴,激光焦点光斑达到最亮、最响时完成对焦,如图 1-2-9 所示。

(5) 导入矢量图并编辑,如图 1-2-10 所示。

(6) 调整激光参数,如图 1-2-11 所示。

(7) 打开红光,放置金属卡片,如图 1-2-12 所示。

(8) 关闭红光,标刻矢量图,如图 1-2-13 所示。

(9) 完成矢量图的标刻,如图 1-2-14 所示。

4. 学生操作

学生在教师的指导下进行分组操作,运用 EzCad2 软件导入矢量图并进行编辑,在金属卡片上激光标刻矢量图,每组设计、标刻完成后上交作业,教师进行总结、评价。

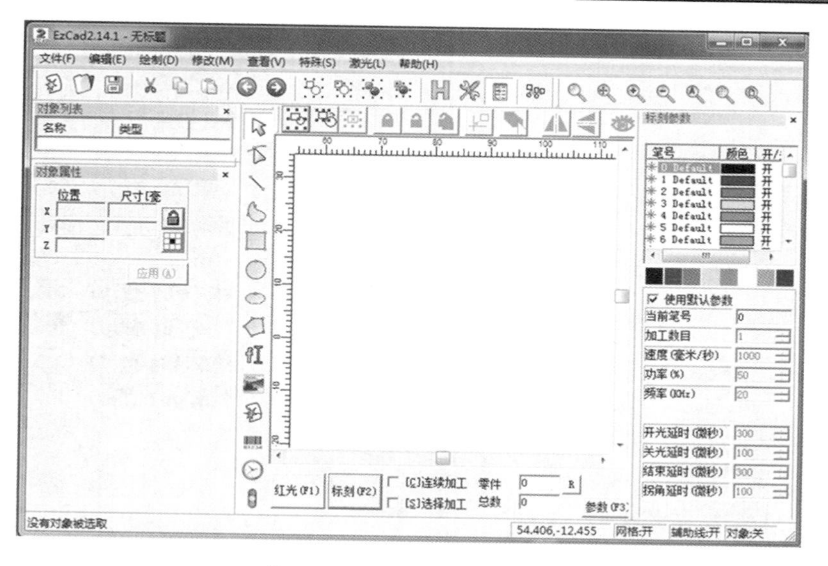

图 1-2-7　EzCad2 软件界面

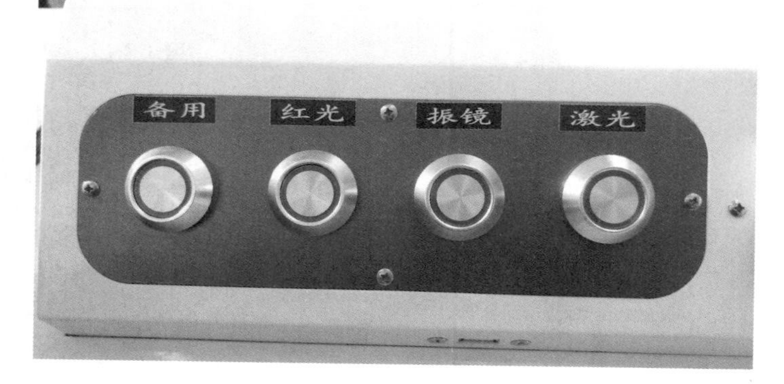

图 1-2-8　设备红光、设备振镜和设备激光按钮

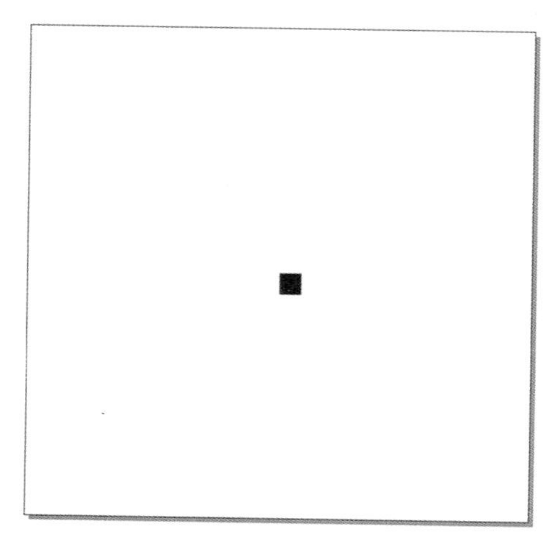

图 1-2-9　激光对焦

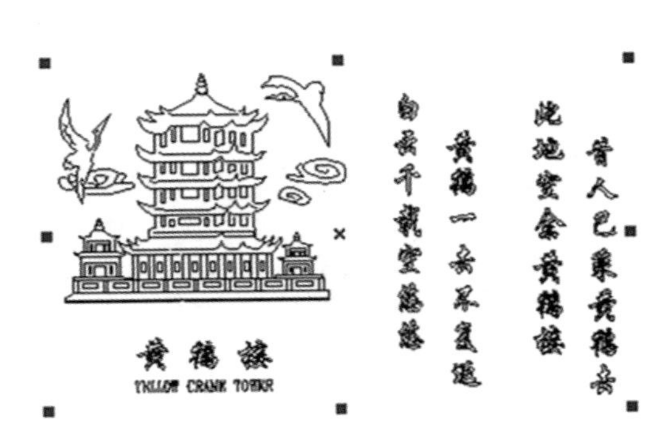

图 1-2-10 矢量图文件

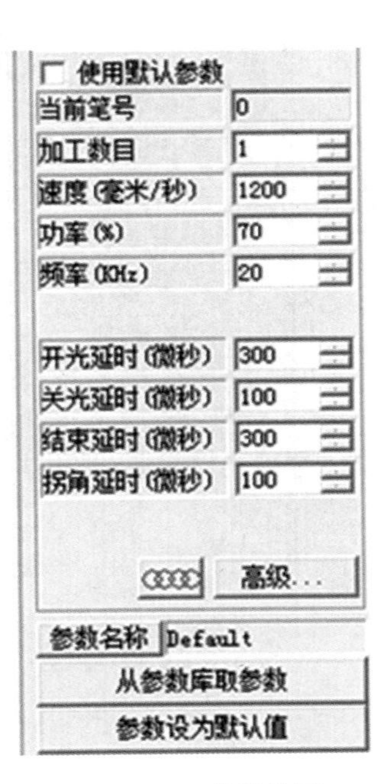

图 1-2-11 参数设置

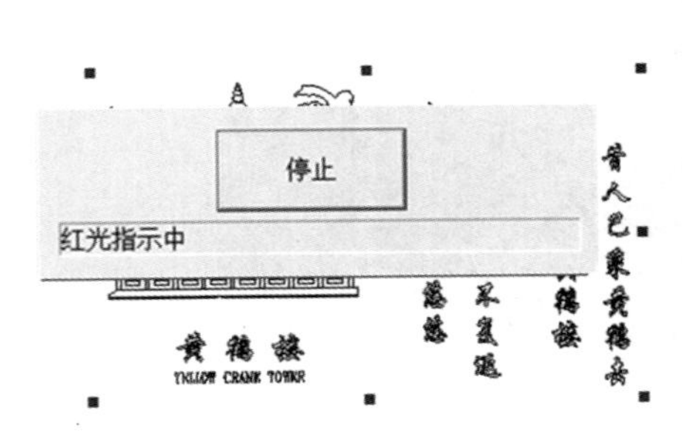

图 1-2-12 打开红光,放置金属卡片

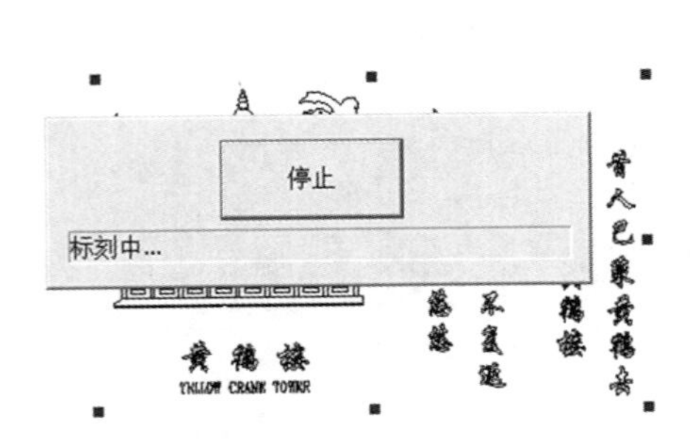

图 1-2-13 标刻矢量图

图 1-2-14 矢量图标刻成品

5. 工作记录

序号	工作内容	工作记录

工作后的思考：

【检验与评估】

1. 教师考核

____

____

____

2. 小组评价

____

____

____

3. 自我评价

____

____

____

【思考与练习】

(1) 搜索矢量图或用相关软件设计矢量图。

(2) 用软件导入矢量图并在金属卡片上标刻矢量图。

任务3　位图的激光标刻

【接受工作任务】

1. 引入工作任务

位图图像也称为点阵图像，位图使用我们称为像素的一格一格的小点来描述图像。在放大图像时，像素点也放大了，由于每个像素点表示的颜色是单一的，所以在放大位图后就会出现人们平时所见到的马赛克状图案。由于位图表现的色彩比较丰富，所以占用的空间会很大。颜色信息越多，占用空间越大；图像越清晰，占用空间越大。位图的文件类型很多，如 bmp、pcx、gif、jpg、tif、photoshop 的 psd 等。位图示例如图 1-3-1 所示，标刻成品如图1-3-2所示。此任务要求学生掌握用激光打标机标刻位图的步骤，以及会熟练运用打标软件 EzCad2 进行位图的导入、编辑及参数设置。

图 1-3-1　位图示例

图 1-3-2　位图标刻成品

2. 任务目标及要求

1) 任务目标

运用打标软件 EzCad2 导入位图并进行编辑，调试激光打标机参数，根据打标步骤在金属卡片上标刻位图。

2) 任务要求

(1) 了解激光打标机的维护及保养知识，了解打标机的简单故障及处理方法。

(2) 熟练运用打标软件 EzCad2 导入位图并进行编辑。

（3）掌握用激光打标机标刻位图的方法和步骤。

【信息收集与分析】

1. 激光打标机的维护与保养

TY-FM-20型激光打标实训系统主要由电子器件、精密仪器、光学器件组成，对使用环境及日常维护有较高的要求。

1）维护注意事项

（1）机器不工作时，将机罩和激光器的封罩封好，防止灰尘进入激光器及光学系统。

（2）非专业人员切勿在开机时检修，以免发生触电事故。

（3）机器出现故障（如漏水、烧保险、激光器有异常响声等）应立刻切断电源。

（4）机器不得随意拆卸，遇重大故障应及时通知售后。

2）光路系统的维护

长时间使用本产品后，空气中的灰尘将吸附在聚焦镜和晶体端面上，轻者将降低激光器的输出功率，重者将使光学镜片吸热，以致其炸裂。

当激光器功率下降时，如电源工作正常，此时应仔细检查各光学器件：聚焦镜是否因飞溅物造成污染、谐振腔膜片是否遭到污染或损坏、晶体端面是否漏水或遭到污染。

3）光学镜片的清洗方法

将无水乙醇（分析纯）与乙醚（分析纯）按3∶1的比例混合，将长纤维棉签或镜头纸浸入混合液，轻轻擦洗光学镜片表面，每擦拭一面，须更换一次棉签或镜头纸。

2. 激光打标机的简单故障处理

激光打标机简单故障及处理方法如表1-3-1所示。

表1-3-1 激光打标机简单故障及处理方法

故障现象	原因	处理方法
电源指示灯不亮，风扇不转	1. AC 220V未连接好； 2. 输出短路	查输电缆和两头是否接触良好
保护指示灯亮且无射频输出	1. 内部过热，保护单元动作； 2. 外保护接点断开； 3. Q开关元件与驱动器不匹配，或两者的连接不可靠，引起反射过大，导致内部保护单元启动	1. 改善散热条件； 2. 检查外保护接点； 3. 测驻波比； 4. 向出厂公司咨询
运行指示灯亮且无射频输出	1. 出光控制信号无效； 2. LEVEL或CONTROL选择开关位置不对	1. 检查出光控制信号脉冲； 2. 把开关拨到正确位置
加工图文错乱	出光有效电平设置错误	重新设置出光有效电平
可关断激光功率偏小	1. Q开关元件或光路有问题； 2. 输出射频功率偏小	1. 调节光路； 2. 检查Q开关元件
激光脉冲峰值功率偏小	1. 激光平均输出功率偏小； 2. Q开关元件有问题	1. 调节激光输出功率； 2. 检查Q开关元件及调节光路

3. EzCad2 软件介绍——位图

如果要输入位图，可在绘制菜单中选择位图命令或者点击图标。

此时系统弹出如图 1-3-3 所示的对话框，用户可选择要输入的位图。

当前系统支持的位图格式有：bmp、jpeg、jpg、gif、tga、png、tiff、tif。

显示预览图片：当用户更改当前文件时会在预览框里自动显示当前文件的图片。

放置到中心：把当前图片的中心放到坐标原点上。

用户输入位图后，属性工具栏显示如图 1-3-4 所示的位图参数。

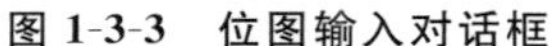

图 1-3-3　位图输入对话框

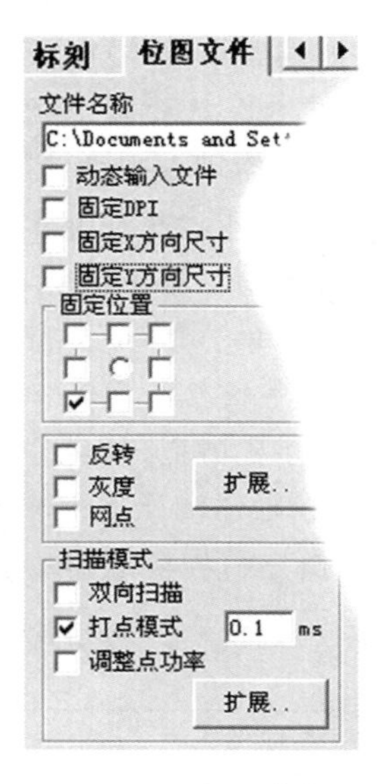

图 1-3-4　位图参数

动态输入文件：指在加工过程中是否重新读取文件。

固定 DPI：指由于输入的原始位图文件的 DPI 值不固定，可以强制设置固定的 DPI 值。DPI 值越大，点越密，图像精度越高，加工时间就越长(DPI 值指每英寸有多少个点，1 英寸约等于 25.4 毫米)。

固定 X 方向尺寸：输入的位图的宽度固定为指定尺寸，如果不是则自动拉伸到指定尺寸。

固定 Y 方向尺寸：输入的位图的高度固定为指定尺寸，如果不是则自动拉伸到指定尺寸。

固定位置：在动态输入文件的时候，确定改变位图大小时以哪个位置为基准不变。

反转：将当前图像的每个点的颜色值取反，如图 1-3-5 所示。

灰度：将彩色图形转变为 256 级的灰度图，如图 1-3-6 所示(本书为黑白印刷，看不出明显区别，读者可自行上机实践并进行观察)。

网点：类似于 Adobe Photoshop 中的“半调图案”功能，使用黑白两色图像模拟灰度图像，通过调整点的疏密程度来模拟出不同的灰度效果，如图 1-3-7 所示(图中的竖白条为显示问题，在加工时不会出现)。

点击图像处理的扩展按钮会弹出如图 1-3-8 所示的位图处理对话框。

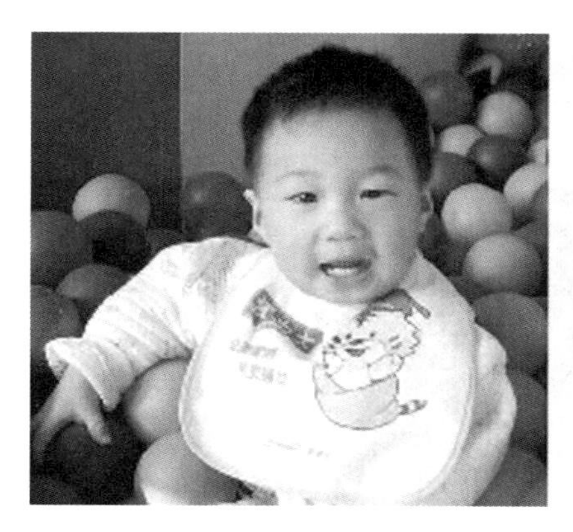
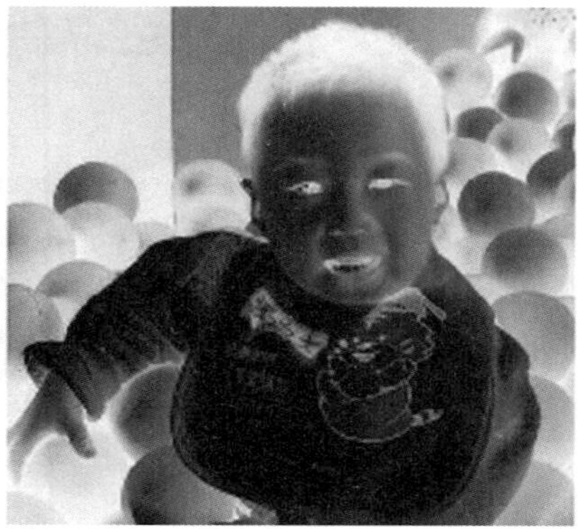

图 1-3-5　反转颜色(左为原图)

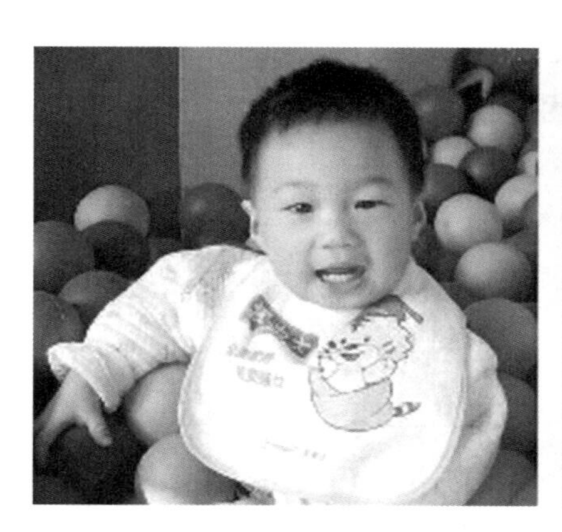
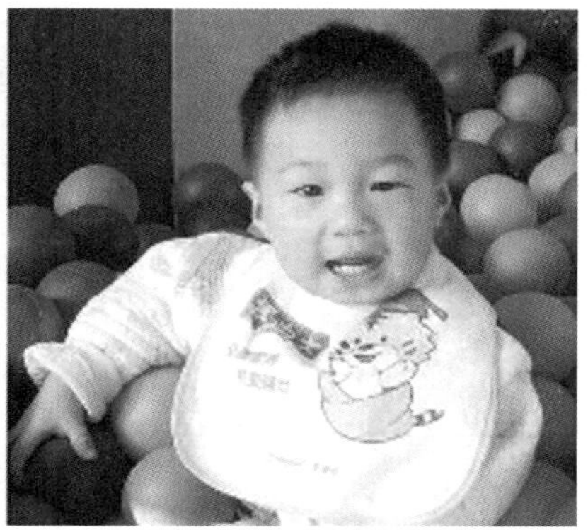

图 1-3-6　彩色图像和灰度图像(左为原图)

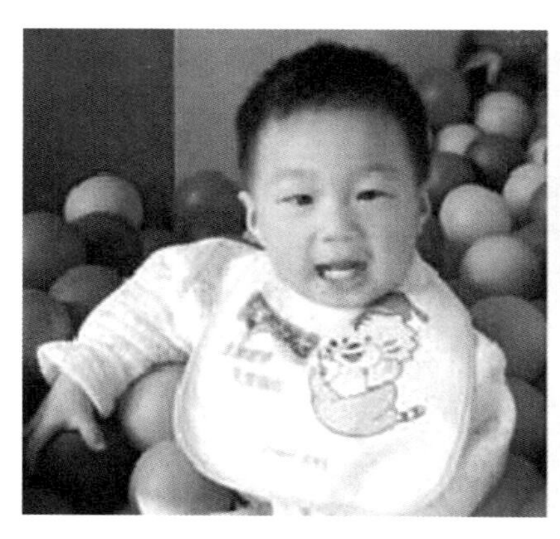

图 1-3-7　网点处理(左为原图)

发亮处理:更改当前图像的亮度和对比度。

双向扫描:指加工时位图的扫描方向是双向来回扫描,如图 1-3-9 所示。

打点模式:用于设置加工位图的每个像素点时激光是一直开着,还是指定时间。

调整点功率:用于设置加工位图的每个像素点时激光是否根据像素点的灰度调节功率。

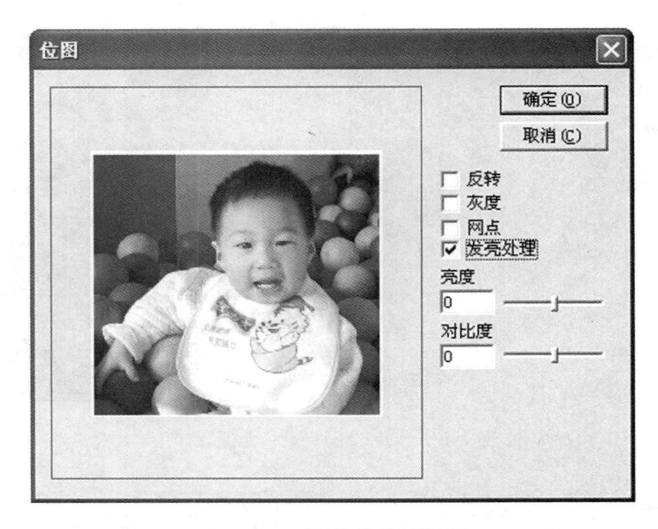

图 1-3-8 位图处理对话框

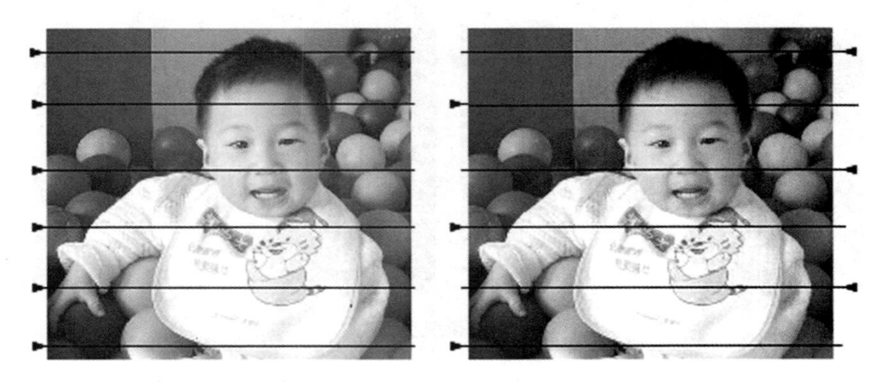

图 1-3-9 单、双向扫描(左图为单向扫描,右图为双向扫描)

扫描扩展参数如图 1-3-10 所示。

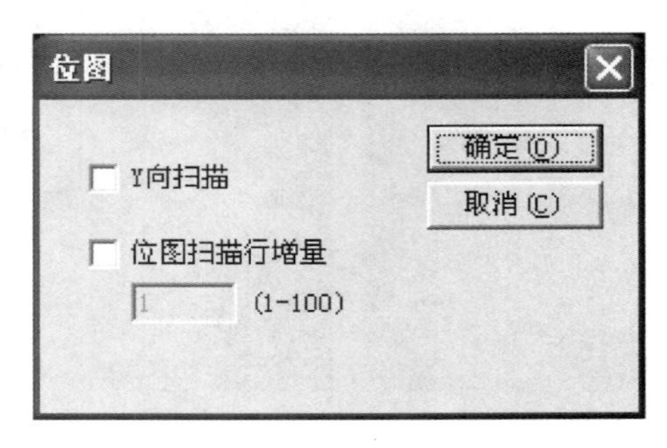

图 1-3-10 扫描扩展参数

Y 向扫描：加工位图时按 Y 方向一行一行扫描。

位图扫描行增量：用于设置加工位图时是逐行扫描还是每扫描一行后隔几行数据再扫描，这样可在对精度要求不高的时候加快加工速度。

【制订工作计划】

为位图的激光标刻制订工作计划，如表 1-3-2 所示。

表 1-3-2　位图的激光标刻工作计划

步　骤	工 作 内 容
1	开启总电源开关，使整机设备通电
2	开启计算机并打开打标软件 EzCad2
3	开启设备红光、设备振镜和设备激光
4	激光对焦
5	导入位图并编辑
6	调整激光参数
7	打开红光，放置金属卡片
8	关闭红光，标刻位图
9	完成位图的标刻

【任务实施】

1. 安全常识

（1）使用任何激光系统时应切记：安全第一！

（2）激光器正常工作期间，打标机内部不得增设任何零件及物品；不得在机盖打开时使用设备。

（3）打标机使用四类激光器，其输出功率最高，而且非肉眼可见，是较危险的激光器，其原光束、镜式反射光束及漫反射光束都可能会烧伤人的眼睛与皮肤，因此请使用者做好安全防护措施。

（4）开机过程中，严禁用肉眼直视出射激光和反射激光，以防伤害眼睛。

（5）有激光输出时，使用者必须佩戴专业的激光防护眼镜。

（6）检修设备时必须切断电源，设备不需工作时请勿接通电源，并保证设备良好接地。

（7）设备周围禁止存放易燃易爆物品。

（8）设备起火或发生爆炸时，请先切断所有电源，并使用二氧化碳或者干粉灭火器灭火。

（9）在安装、使用设备时，应在显眼位置醒目标明“当心激光”等字样。

（10）使用过程中若产生疑问，请咨询受过专业培训的熟悉此类设备的工程师。

2. 工具及材料准备

金属卡片。

3. 教师操作演示

（1）开启总电源开关，使整机设备通电，总电源开关如图 1-3-11 所示。

（2）开启计算机并打开打标软件 EzCad2，如图 1-3-12 所示。

（3）开启设备红光、设备振镜和设备激光，对应按钮如图 1-3-13 所示。

（4）激光对焦。在激光打标软件上随意画一个小图形并将其填充，勾选连续标刻，开始

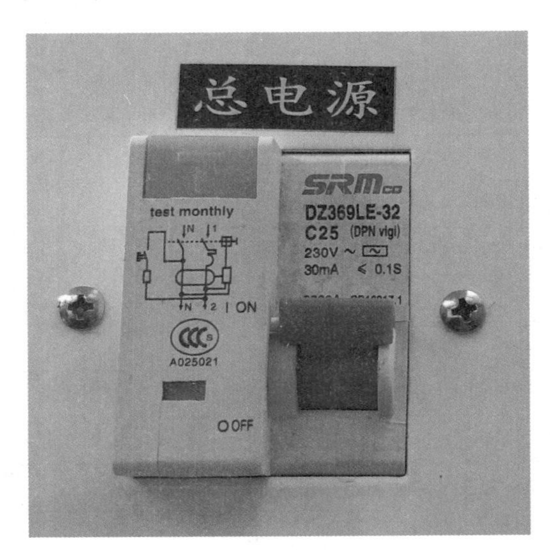

图 1-3-11 总电源开关

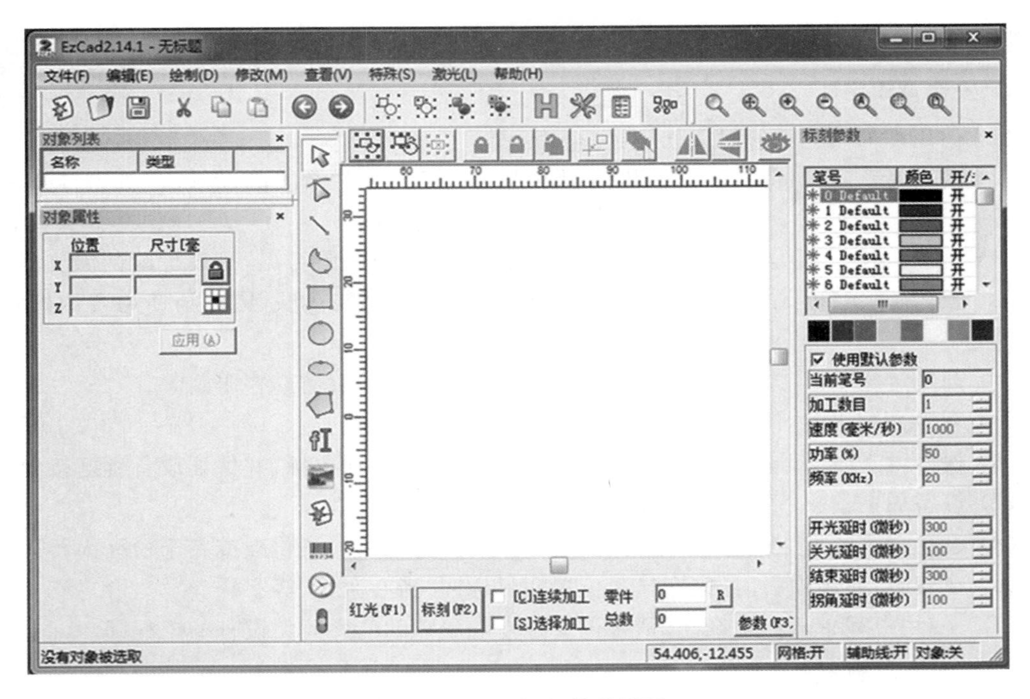

图 1-3-12 EzCad2 软件界面

激光标刻，调节主操作台升降轴，激光焦点光斑达到最亮、最响时完成对焦，如图 1-3-14 所示。

(5) 导入位图并编辑，如图 1-3-15 所示。

(6) 调整激光参数，如图 1-3-16 所示。

(7) 打开红光，放置金属卡片，如图 1-3-17 所示。

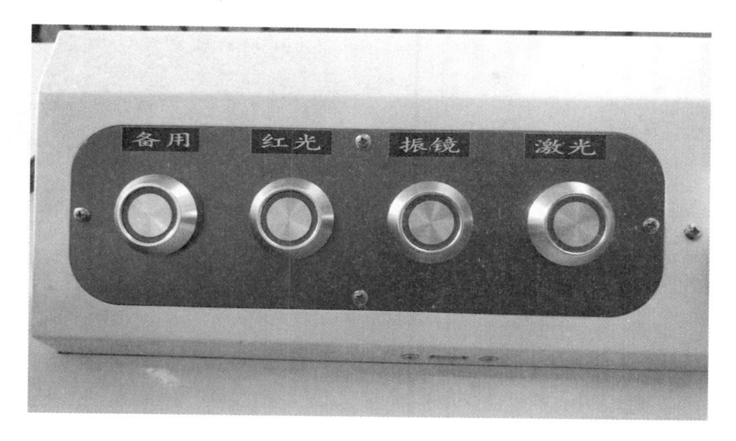

图 1-3-13　设备红光、设备振镜和设备激光按钮

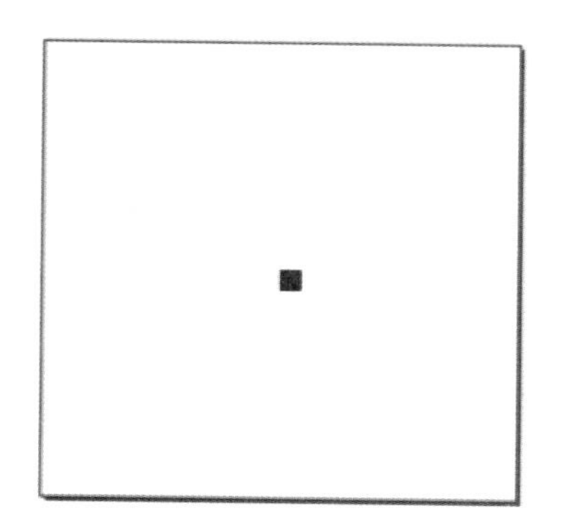

图 1-3-14　激光对焦

图 1-3-15　位图文件

使用默认参数	
当前笔号	0
加工数目	1
速度(毫米/秒)	1200
功率(%)	50
频率(KHz)	20
开光延时(微秒)	300
关光延时(微秒)	100
结束延时(微秒)	300
拐角延时(微秒)	100
高级...	
参数名称	Default
从参数库取参数	
参数设为默认值	

图 1-3-16　参数设置

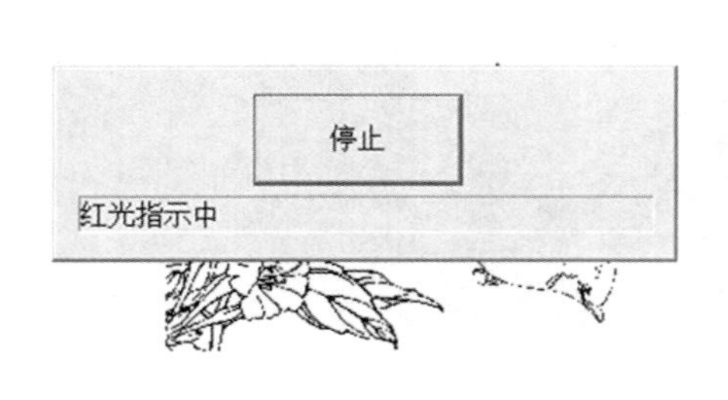

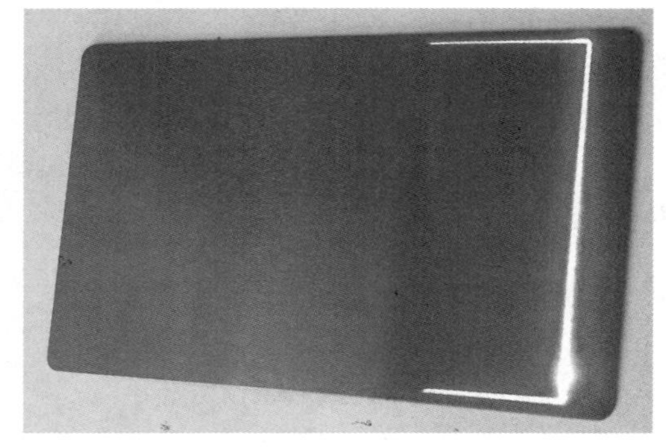

图 1-3-17 打开红光，放置金属卡片

(8) 关闭红光，标刻位图，如图 1-3-18 所示。

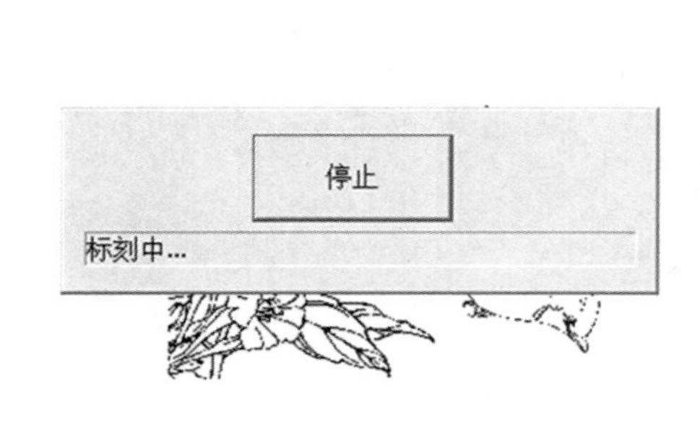

图 1-3-18 标刻位图

(9) 完成位图的标刻，如图 1-3-19 所示。

图 1-3-19 位图标刻成品

4. 学生操作

学生在教师的指导下进行分组操作，运用 EzCad2 软件导入位图并进行编辑，在金属卡片上激光标刻位图，每组设计、标刻完成后上交作业，教师进行总结、评价。

5. 工作记录

序号	工作内容	工作记录

工作后的思考：

【检验与评估】

1. 教师考核

2. 小组评价

3. 自我评价

【知识拓展】

EzCad2 软件介绍——加工

1）笔列表

在 EzCad 中每个文件都有 256 支笔，对应属性工具栏中最上面的 256 支笔，笔号为 0～255。

[*] 表示当前笔要加工，即当加工到的对象对应的为当前笔号时要加工，双击此图标可以

更改。

表示当前笔不加工，即当加工到的对象对应的为当前笔号时不加工。

颜色：表示当前笔的颜色，当对象对应当前笔号时显示此颜色，双击颜色条可以更改颜色。

参数：表示当前笔对应的参数名称，参数名称对应参数库中的参数。

当用户双击参数名称时会弹出如图 1-3-20 所示的参数选择对话框，用户可以从中选择需要的参数。当用户在当前列表中按鼠标右键时会弹出如图 1-3-21 所示的右键菜单。

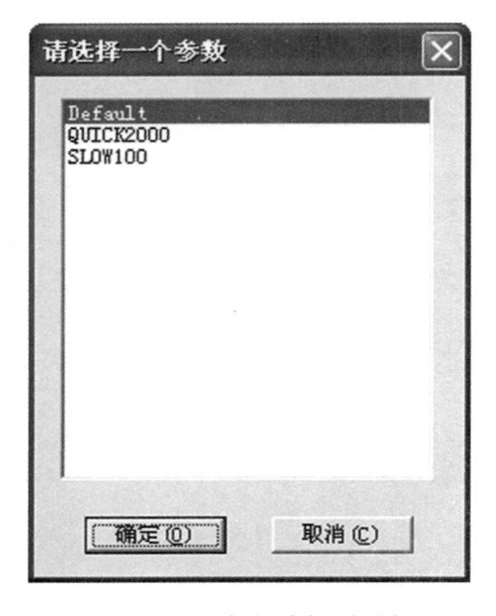

图 1-3-20 参数选择对话框

图 1-3-21 右键菜单

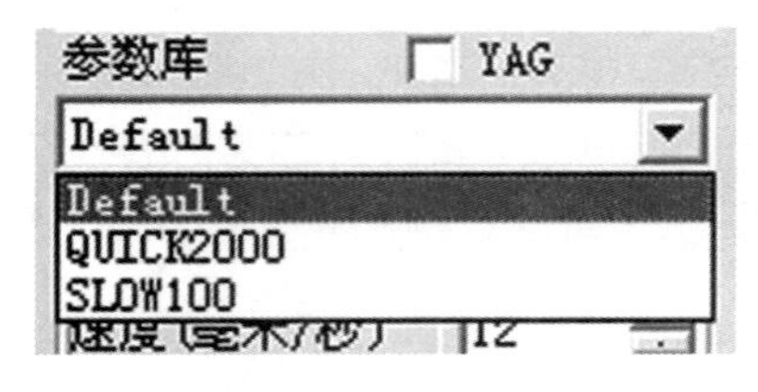

图 1-3-22 加工参数库列表

2）加工参数库

加工参数库用于保存当前所有用户设置好的参数，加工参数库列表如图 1-3-22 所示。

YAG：表示当前参数库为 YAG 激光模式，否则为 CO_2 模式。

另存为：把当前参数以另外的名称保存在参数库中。

删除：把当前参数从参数库中删除。

参数设置为默认值：把当前参数全部保存到参数名为“Default”的参数库中。

加工数目：所有对象对应为当前参数的加工次数。

速度：当前加工参数的标刻速度。

功率：当前加工参数的功率百分比，100%表示当前激光器的最大功率。

频率：当前加工参数的激光器频率。

Q 脉冲宽度：如果是 YAG 模式，则 Q 脉冲宽度指激光器的 Q 脉冲的高电平时间。

开始段延时：标刻开始时激光开启的延时时间。设置适当的开始段延时参数可以去除在标刻开始时出现的“火柴头”现象，但如果开始段延时设置太大会导致起始段缺笔的现象。可以接受负值。

结束段延时：标刻结束时激光关闭的延时时间。设置适当的结束段延时参数可以去除在标刻完毕时出现的不闭合现象，但如果结束段延时设置太大会导致结束段出现“火柴头”现象。

拐角延时：标刻时每段之间的延时时间。设置适当的拐角延时参数可以去除在标刻直角时出现的圆角现象，但如果拐角延时设置太大会导致标刻时间增加，且拐角处会有重点现象。

按高级按钮后系统会弹出如图 1-3-23 所示的高级参数对话框。

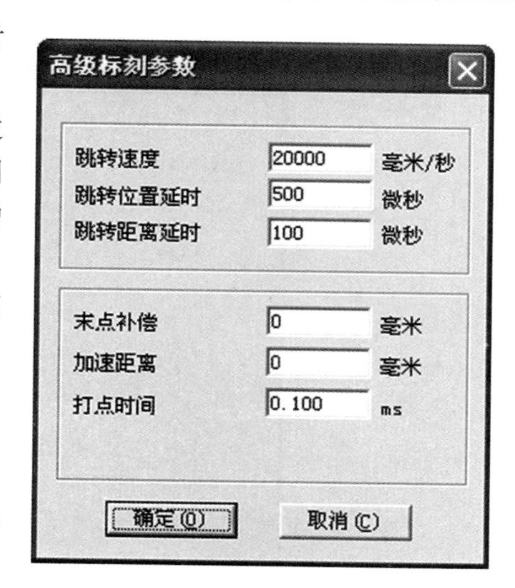

图 1-3-23　高级参数对话框

跳转速度：设置当前参数对应的跳转速度。

跳转位置延时：设置跳转位置延时。

跳转距离延时：设置跳转距离延时。

每次跳转运动完毕后系统都会自动等待一段时间后才继续执行下一条命令。

末点补偿：一般不需要设置此参数，只有在高速加工时，调整延时参数无法使末点到位的情况下设置此值，强制在加工结束时继续标刻一段长度为末点补偿距离的直线。可以接受负值。

加速距离：适当设置此参数，可以消除标刻开始段的打点不均匀的现象。

打点时间：当对象中有点对象时，每个点的出光时间。

3）加工控制栏

加工控制栏在 EzCad 界面的正下方，如图 1-3-24 所示。

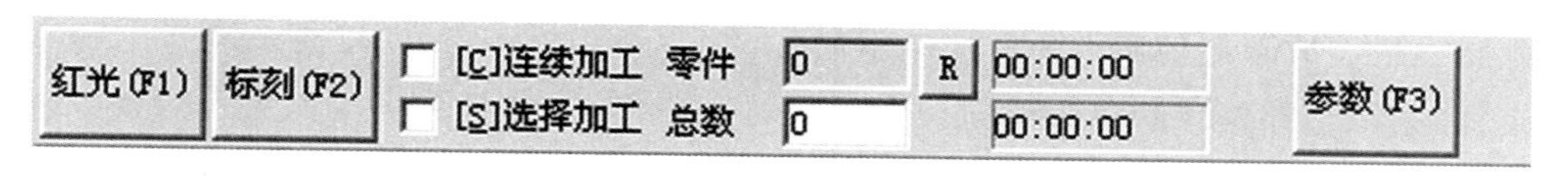

图 1-3-24　加工控制栏

红光：标示出要被标刻的图形的外框，但不出激光，用来指示加工区域，此功能用于有红光的打标机。直接按键盘 F1 键即可执行此命令。

标刻：开始加工。直接按键盘 F2 键即可执行此命令。

连续加工：表示一直重复加工当前文件，中间不停顿。

选择加工：只加工被选择的对象。

零件(数)：表示当前被加工完的零件总数。

(零件)总数：表示当前要加工的零件总数，在连续加工模式下无效。不在连续加工模式下时，如果零件总数大于 1，则加工时会重复不停地加工，直到加工的零件数等于零件总数时才停止。

参数：当前设备的参数。直接按键盘 F3 键即可执行此命令。

4）设备参数

(1) 区域参数。

设备区域参数如图 1-3-25 所示。

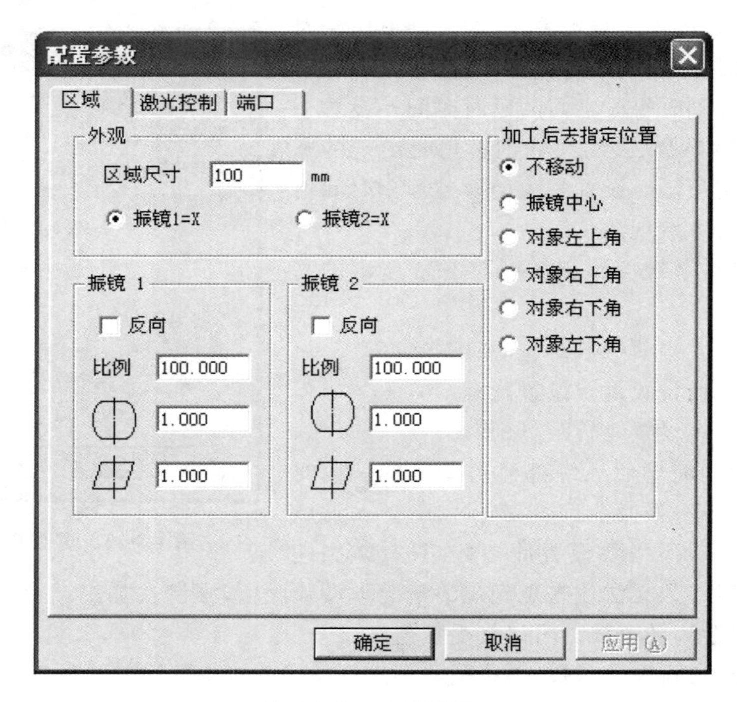

图 1-3-25 区域参数

区域尺寸：振镜对应的实际最大标刻范围。

振镜 1＝X：表示用控制卡的振镜输出信号 1 作为用户坐标系的 X 轴。

振镜 2＝X：表示用控制卡的振镜输出信号 2 作为用户坐标系的 X 轴。

反向：表示当前振镜的输出反向。

比例：伸缩比例，默认值为 100.000％。当标刻出的实际尺寸和软件图示尺寸不同时，需要修改此参数。当标刻出的实际尺寸比设计尺寸小时，增大此参数值；当标刻出的实际尺寸比设计尺寸大时，减小此参数值。

加工后去指定位置：设置当当前加工完毕后让振镜移动到指定的位置。

(2) 激光参数。

设备激光参数如图 1-3-26 所示。

使能 PWM 信号输出：使能控制卡的 PWM 信号输出。

最大 PWM 信号频率：PWM 信号的最大频率。

使能预电离：使能预电离信号。

脉冲宽度：预电离信号的脉冲宽度。

脉冲频率：预电离信号的脉冲频率。

当首脉冲抑制结束时开 Q 开关：激光器开启时等首脉冲抑制信号的持续时间结束后才开 Q 开关，否则开启首脉冲抑制信号的同时就开 Q 开关。

首脉冲抑制：激光器开启时等首脉冲抑制信号的持续时间。

开始标刻延时：每次开始加工时需要延时指定的时间后再开始标刻。

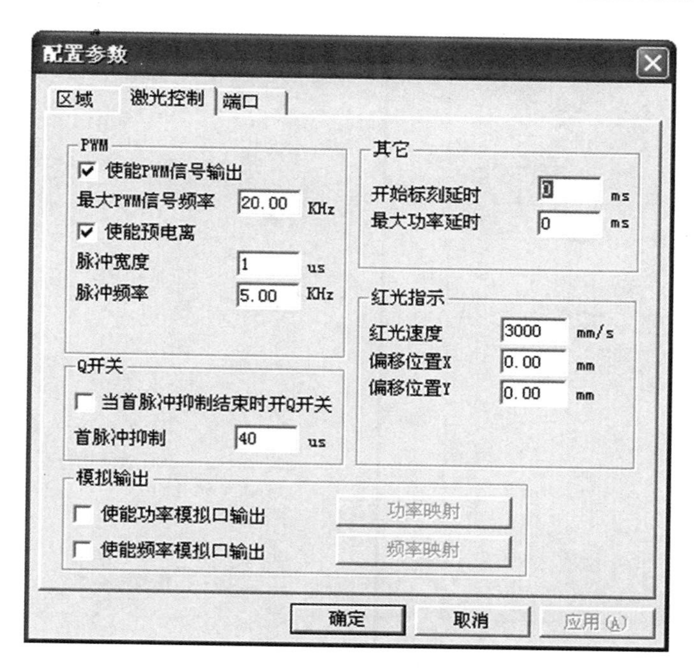

图 1-3-26　激光参数

最大功率延时：表示在系统运行时修改功率（0%～100%）后，系统延时此值后再进行下一步动作。当功率修改差值小于100%时系统运会自动按比例调整延时值。

红光速度：表示系统在红光指示时的运动速度。

偏移位置（X/Y）：表示系统在红光指示时的运动偏移位置，用于补偿红光与实际激光的位置误差。

使能功率模拟口输出：使能控制卡的功率模拟口信号输出。

功率映射：设置用户定义的功率比例与实际对应的功率比例（如图1-3-27所示）。如果用户设置的功率比例不在对话框显示的值中，则按线性插值取值。

使能频率模拟口输出：使能控制卡的频率模拟口信号输出。

频率映射：设置用户定义的频率与实际对应的频率比例（如图1-3-28所示）。

（3）端口参数。

设备端口参数如图1-3-29所示。

停止加工输入端口：指定某个输入口为停止加工端口，当加工时检测到设置的端口有对应输入时，当前加工会被终止，并提示用户错误信息。

红光指示输出口：当系统进行红光指示时会向指定输出口输出高电平。

【思考与练习】

（1）搜索位图并保存。

（2）用EzCad2软件导入位图，设置激光标刻参数，并在金属卡片上按照标刻步骤标刻位图。

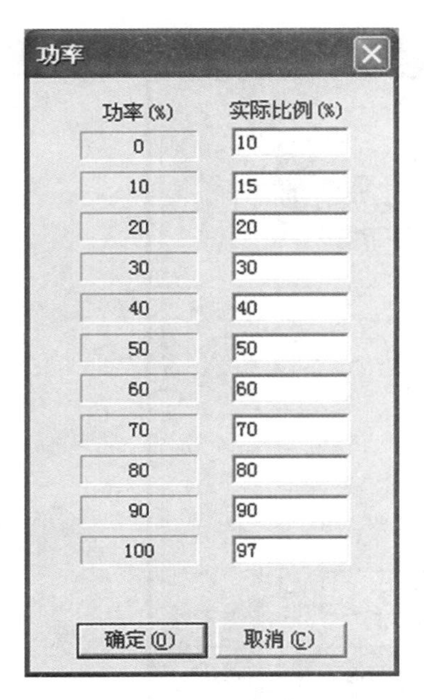

图 1-3-27　功率映射对话框

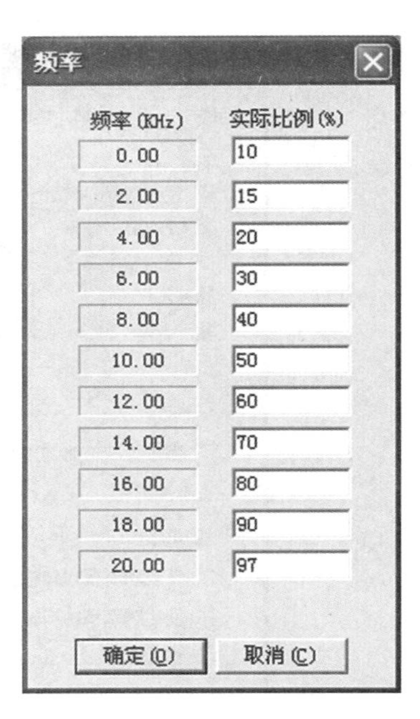

图 1-3-28　频率映射对话框

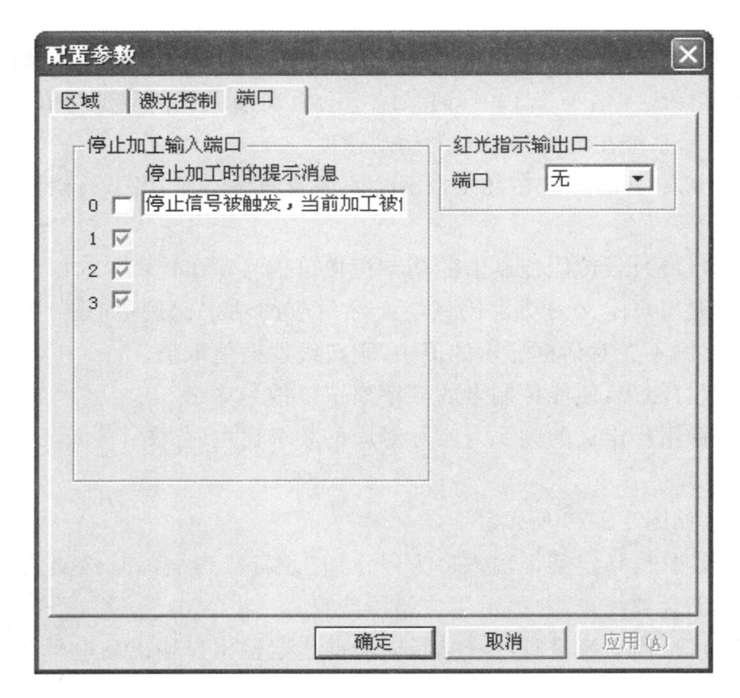

图 1-3-29　端口参数

项目二

激光内雕机的使用

项目描述

常见的水晶内雕刻作品是用由计算机控制的激光内雕机制作的。激光是对人造水晶进行内雕最有用的工具。激光内雕机是集激光技术、电子技术、三维控制技术、传动技术等为一体的高科技技术设备。该设备可用于在工艺水晶、玻璃等透明材料内雕刻平面或三维立体图案:可用于雕刻 2D/3D 人像、人的手脚印、奖杯等个性化礼品或纪念品,也可用于批量生产 2D/3D 动物、植物、建筑、车、船、飞机等模型产品和用于 3D 场景展示。激光内雕机也可应用于激光原理、倍频激光技术、激光内雕加工等课程的教学实训项目。激光内雕机如图 2-0-1 所示。

图 2-0-1　激光内雕机

项目目标

【知识目标】

(1) 了解激光内雕机的基本原理及加工特性。

(2) 熟悉激光内雕机打印参数的设定方法。

(3) 掌握激光内雕机的开关顺序以及 2D/3D 图像的加工步骤。

【能力目标】

(1) 掌握激光内雕机设备的调试方法。

(2) 了解常见故障产生的原因及排故方法。

(3) 掌握 2D/3D 图像的打印技术。

【职业素养】

(1) 了解激光内雕技术,提高自我学习能力。

(2) 通过动手实践,加深对理论知识的理解和巩固。

项目准备

【资源要求】

符合激光内雕机雕刻要求的各种 2D/3D 图片。

【材料工具准备】

人造水晶块。

【相关资料】

激光内雕机的使用说明和软件参数设定说明。

项目分解

任务 1　平面图形内雕

任务 2　立体图形内雕

任务 3　人脸内雕

任务 1　平面图形内雕

【接受工作任务】

1. 引入工作任务

熟悉激光内雕机的操作方法,熟悉相关软件及平面图形内雕的参数设定方法。工作任务图片如图 2-1-1 所示。

图 2-1-1　工作任务图片

2. 任务目标及要求

1）任务目标

（1）掌握平面图形内雕的两个处理软件：算点软件和雕刻软件。

（2）掌握平面图形内雕的操作步骤。

2）任务要求

掌握不同规格型材的加工方法。

【信息收集与分析】

水晶内雕是指将一定波长的激光打入水晶内部，令水晶内部的特定部位发生细微的爆裂，形成气泡，从而勾勒出预置形状的一种水晶加工工艺，也泛指以这种工艺加工出来的水晶工艺品。

采用激光内雕技术，将平面或立体的图案"雕刻"在水晶玻璃的内部。激光内雕机首先通过专用点云转换软件将二维图像转换成点云图像。然后根据点的排列通过激光控制软件控制图像在水晶中的位置和激光的输出，由半导体泵浦固体产生的激光经倍频处理输出为波长为 532 nm 的激光。激光束经扩束镜扩束后，再折射到振镜扫描器的反射镜上，振镜扫描器在计算机的控制下高速摆动，使激光束在平面 XY 两维方向上进行扫描，从而形成平面图像。

1）激光内雕原理

激光内雕的原理是光的干涉现象。两束激光从不同的角度射入透明物体（如玻璃、水晶等），准确地交汇在一个点上。两束激光在交点上发生干涉和抵消，其能量由光能转换为内能，放出大量热量，将该点熔化形成微小的空洞。机器准确地控制两束激光在不同位置上的交汇，制造出大量微小的空洞，最后这些空洞就形成了所需要的图案，这就是激光内雕的原理。激光内雕时，不用担心射入的激光会融掉一条直线上的物质，因为激光在穿过透明物体时仍维持光能形式，不会产生多余热量，只有在干涉点处才会转化为内能并熔化物质。水晶及玻璃内雕图案是用由计算机控制的激光内雕机制作成的。

2）激光内雕机的特点

（1）采用先进的振镜技术，配合 2 kHz 半导体泵浦 YAG 倍频激光器，爆点很细、很亮，雕刻速度更快，图案更精细、生动、逼真。

（2）关键元器件设计更合理，长期工作稳定性好。

（3）适应个性化和批量快速加工需要。

3）激光雕刻软件

软件的主界面可分为以下几部分：标题栏、菜单栏、工具栏等。菜单栏包括文件、系统调试、参数设置、产生定位图、点云编辑、语言等。其中，点云编辑用于对所加工文件进行移动、缩放、旋转。

【制订工作计划】

为内雕平面图形制订工作计划，如表 2-1-1 所示。

表 2-1-1 内雕平面图形工作计划

步 骤	工 作 内 容
1	通电，打开计算机
2	打开算点软件
3	进行基本设置（设定水晶大小，输入水晶长、宽、高）
4	打开要打印的 2D 图片
5	缩放图层（调整图片大小），保存点文件，关闭算点软件
6	打开雕刻软件，选中所要雕刻的 2D 图片
7	点击复位、雕刻

【任务实施】

1. 安全常识

（1）注意安全用电，注意检查机器及配电盘是否漏电，防止触电。

（2）雕刻过程中，使用者必须佩戴专业的激光防护眼镜。

（3）检查设备时必须切断电源。

（4）设备周围禁止存放易燃易爆物品。

（5）设备起火或发生爆炸时，请先切断电源，并使用二氧化碳或干粉灭火器灭火。

（6）在安装、使用设备时，应在显眼位置醒目标明“当心激光”等字样。

2. 工具及材料准备

人造水晶块。

3. 教师操作演示

（1）通电，打开计算机。

（2）打开算点软件。

（3）进行基本设置（设定水晶大小，输入水晶长、宽、高），如图 2-1-2 所示。

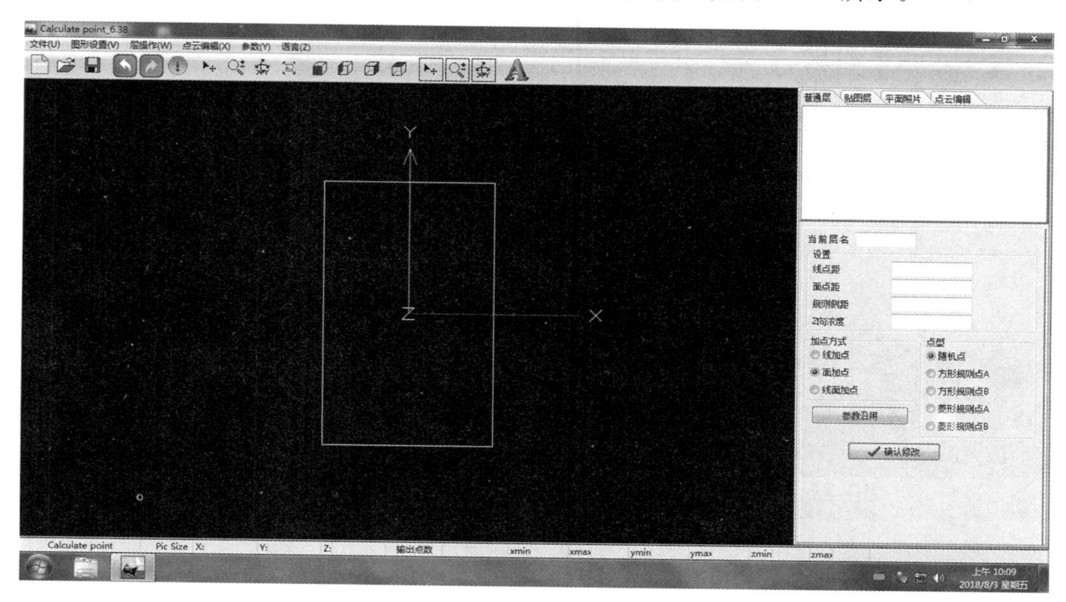

图 2-1-2　基本设置

（4）打开要打印的 2D 图片，如图 2-1-3 所示。

图 2-1-3　打开任务图片

（5）缩放图层（调整图片大小），如图 2-1-4 所示，保存点文件，关闭算点软件。

（6）打开雕刻软件，选中所要雕刻的 2D 图片。

（7）点击复位、雕刻。

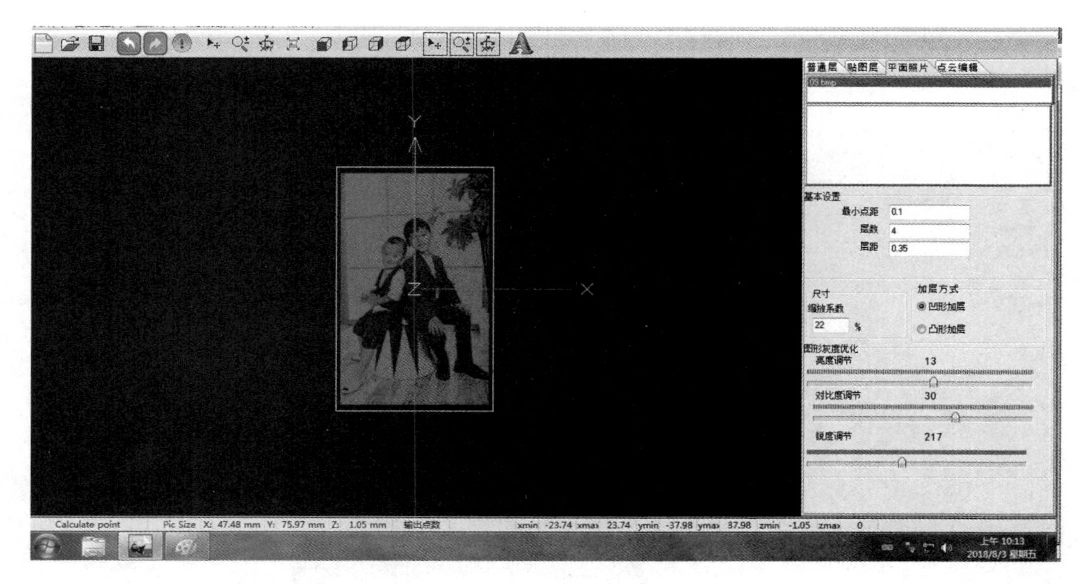

图 2-1-4 缩放图层

4. 学生操作

学生在教师的指导下进行分组操作，运用算点软件及雕刻软件在水晶内雕刻二维图形。小组互评，教师进行点评、总结。

5. 工作记录

序号	工 作 内 容	工 作 记 录

工作后的思考：

【检验与评估】

1. 教师考核

2. 小组考核

3. 自我评价

【知识拓展】

激光内雕的原理是非线性光学现象。透明材料虽然在一般情况下对激光是透明的，不吸收激光能量，但是在足够高的光强下会产生非线性效应，比如多光子电离、阈上电离等，所以在强度足够高的激光聚焦点，透明物质会在短时间内吸收激光能量而产生微爆裂，大量的微爆裂点可排列成所需要的图案。

【思考与练习】

（1）激光内雕机的工作原理是什么？

（2）激光内雕机的应用领域包括哪些？

（3）激光内雕机的加工材料的类型是什么？

任务 2　立体图形内雕

【接受工作任务】

1. 引入工作任务

熟悉激光内雕机的操作方法，熟悉相关软件及立体图形内雕的参数设定方法。工作任务图片如图 2-2-1 所示。

2. 任务目标及要求

1）任务目标

（1）掌握立体图形内雕的处理软件。

（2）掌握立体图形内雕的操作步骤。

2）任务要求

掌握内雕立体图形的方法。

图 2-2-1 工作任务图片

【信息收集与分析】

1）普通三维算点软件操作流程

打开文件（打开普通层文件）→图形设置（图形居中）→选中右边普通层（变蓝）→设置参数→将面加点改为面点距、线加点改为线点距（一般线对应的数字要稍小，如果第 2 层和第 1 层用一样的参数，点“参数沿用”即可）→生成点云→保存点云。

2）三维仿真算点软件操作流程

打开 obj 文件→图形设置（纹理设置、图形居中→选中层（变蓝）→放大或缩小规定的尺寸→设置参数（包括最小点距、层数）→选择加点方式（普通加层）→生成点云→保存点云。

【制订工作计划】

为内雕立体图形制订工作计划，如表 2-2-1 所示。

表 2-2-1 内雕立体图形工作计划

步　骤	工 作 内 容
1	通电，打开计算机
2	打开所要雕刻的 3D 图形，输入文字，选择整体居中
3	复位，打开已保存文件
4	雕刻

【任务实施】

1. 安全常识

(1) 注意安全用电，注意检查机器及配电盘是否漏电，防止触电。

(2) 雕刻过程中，使用者必须佩戴专业的激光防护眼镜。

(3) 检查设备时必须切断电源。

(4) 设备周围禁止存放易燃易爆物品。

(5) 设备起火或发生爆炸时，请先切断电源，并使用二氧化碳或干粉灭火器灭火。

(6) 在安装、使用设备时，应在显眼位置醒目标明“当心激光”等字样。

2. 工具及材料准备

人造水晶块。

3. 教师操作演示

(1) 通电，打开计算机。

(2) 打开所要雕刻的 3D 图形，输入文字，选择整体居中，如图 2-2-2 所示。

(3) 复位，打开已保存文件，如图 2-2-3 所示。

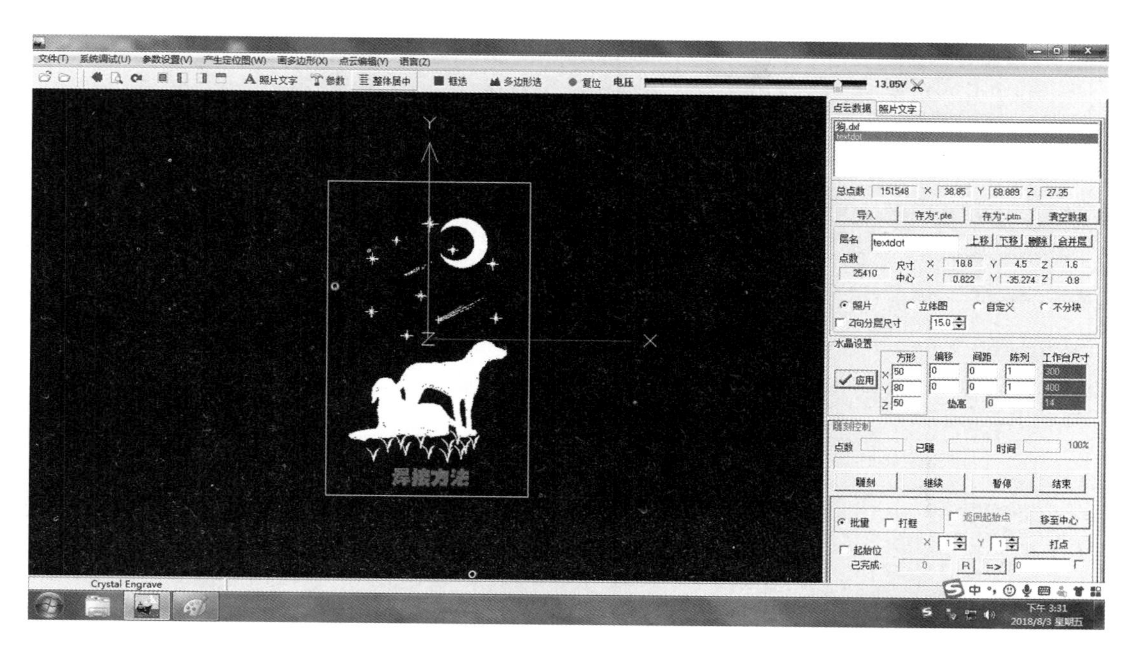

图 2-2-2　打开文件并设置

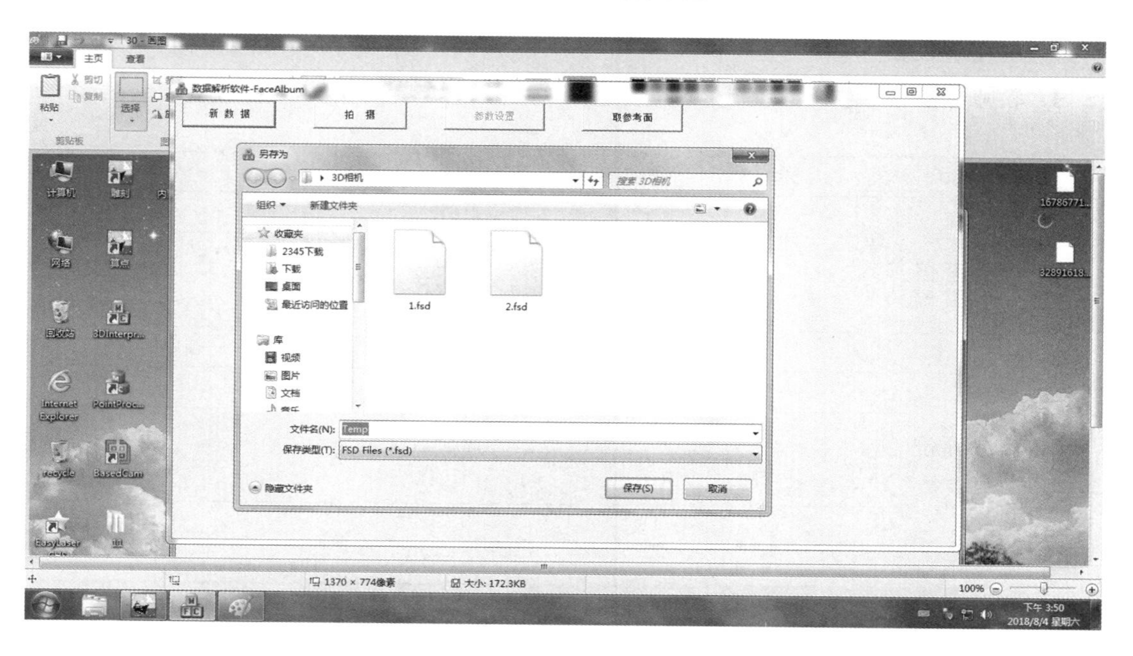

图 2-2-3　打开已保存的文件

（4）雕刻。

4. 学生操作

学生在教师的指导下进行分组操作，内雕立体图形。小组互评，教师进行点评、总结。

5. 工作记录

序号	工 作 内 容	工 作 记 录

工作后的思考：

【检验与评估】

1. 教师考核

2. 小组考核

3. 自我评价

【知识拓展】

一般的3D成像技术是利用图形学方法获取3D图像的，需要投射高亮激光来测量对象，整个过程非常繁杂，要拍摄多次，才能获得对象的3D图像，代价昂贵，并且速度很慢，特别是不适合于捕捉活动对象的图像。整个过程有时会长达几十分钟，拍摄期间物体是不能动的。这意味着这种摄影技术只能运用在风景和不动的物体上。后来人们发明了3D Flash摄影技术，该技术在拍摄人体方面有绝对的优势——在0.01 s内就可以获取高分辨率，获得人脸精确的三维数据。3D Flash三维闪光灯可以和普通二维数字照相机连接，把特制光栅编码投影到物体表面，并且由数字相机摄取此编码图像。通过特殊的解码软件，对编码图像进行分析，找出图像的X、Y、Z轴的3D信息，在这个步骤下，处理出的人像是由网格组成的3D网人像，接下来可给人脸贴皮肤和上色。完成之后，一个360°的3D完整头像就在计算机上显示出来了。计算机再将信息输入内雕机，就可以制作出完美的人像内雕工艺品了。

【思考与练习】

(1) 激光内雕机的普通三维算点软件的操作流程是什么？

(2) 激光内雕机的三维仿真算点软件的操作流程是什么？

任务3 人脸内雕

【接受工作任务】

1. 引入工作任务

利用“圣石三维”软件和雕刻软件来进行人脸内雕。

2. 任务目标及要求

1) 任务目标

掌握人脸内雕的操作步骤。

2) 任务要求

(1) 在苹果手机上下载“圣石三维”软件。

(2) 手机采集信息，建模。

【信息收集与分析】

激光内雕机的常见故障及解决方法如下。

(1) 故障1：激光强度下降，出现漏点。解决方法如下。

① 增加电压。

② 检查内循环，查看蒸馏水是否长时间未换。

③ 若增加电压的幅度大于100 V时，仍感光源不够，激光谐振腔发生变化，则应微调谐振腔镜片，使输出光斑最符合要求。若增加电压的幅度不大，但增压时仍感觉光源不够，则应是氙灯老化，需要更换新灯。

(2) 故障2：氙灯不能触发。解决方法如下。

① 检查所有电源连接线，如重新安装新灯后，检查灯接头是否正确、牢固连接（红为正，黑为负）。

② 检查高压氙灯是否老化。

(3) 故障3：按下预燃开关，预燃不成功。解决方法如下。

① 检查水流保护开关是否闭合。

② 检查预燃板接插件接触是否良好，负载是否接好。

③ 检查预燃开关是否接触不良。

④ 检查放电线之间或放电线与大地之间有无高压击穿现象。

⑤ 检查氙灯是否损坏。

⑥ 检查预燃板是否正常。

(4) 故障4:工作后,有充电电压,但不放电。解决方法如下。

① 检查开关是否按下,面板有无频闪。

② 检查放电继电器是否吸合。

③ 检查 CZ704 和 CZ201 是否接触良好。

④ 检查氙灯是否损坏。

(5) 故障5:长时间工作后,自动停灯。解决方法如下。

① 检查风扇是否工作正常。

② 检查功率变换散热器是否过温。

③ 检查预燃板是否正常。

(6) 故障6:水晶块打裂。解决方法如下。

① 减小雕刻电流,电流范围为 1714～1914 A。

② 在点云形成时增大点间距。

③ 增大有效矢量步长值。

【制订工作计划】

为内雕人脸制订工作计划,如表 2-3-1 所示。

表 2-3-1　内雕人脸工作计划

步　　骤	工 作 内 容
1	苹果手机下载“圣石三维”软件
2	按照手机提示左右旋转手机,扫描人物面部信息
3	通电,打开计算机
4	双击系统软件,输入密码,打开软件
5	上传手机建模信息
6	调整位置
7	平台复位
8	开始雕刻

【任务实施】

1. 安全常识

(1) 注意安全用电,注意检查机器及配电盘是否漏电,防止触电。

(2) 雕刻过程中,使用者必须佩戴专业的激光防护眼镜。

(3) 检查设备时必须切断电源。

(4) 设备周围禁止存放易燃易爆物品。

(5) 设备起火或发生爆炸时,请先切断电源,并使用二氧化碳或干粉灭火器灭火。

(6) 在安装、使用设备时,应在显眼位置醒目标明“当心激光”等字样。

2. 工具及材料准备

人造水晶块。

3. 教师操作演示

（1）苹果手机下载“圣石三维”软件。

（2）按照手机提示左右旋转手机，扫描人物面部信息，如图 2-3-1 所示。

图 2-3-1　旋转扫描图片

（3）通电，打开计算机。

（4）双击系统软件，输入密码，打开软件，如图 2-3-2 所示。

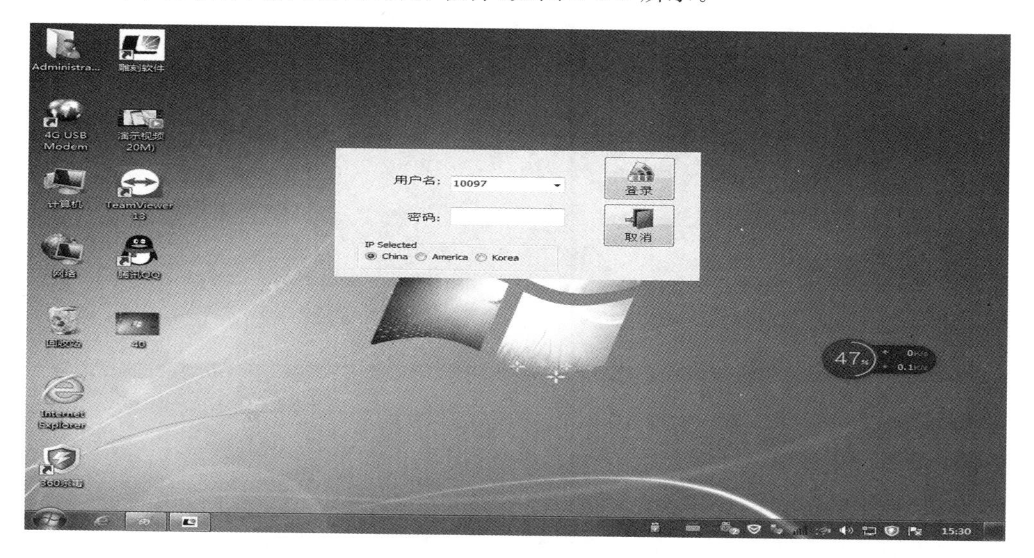

图 2-3-2　打开软件

（5）上传手机建模信息。

（6）调整位置，如图 2-3-3 所示。

（7）平台复位，如图 2-3-4 所示。

（8）开始雕刻，如图 2-3-5 所示。

4. 学生操作

学生在教师的指导下进行分组操作，采集人脸面部信息进行面部雕刻。小组互评，教师进行点评、总结。

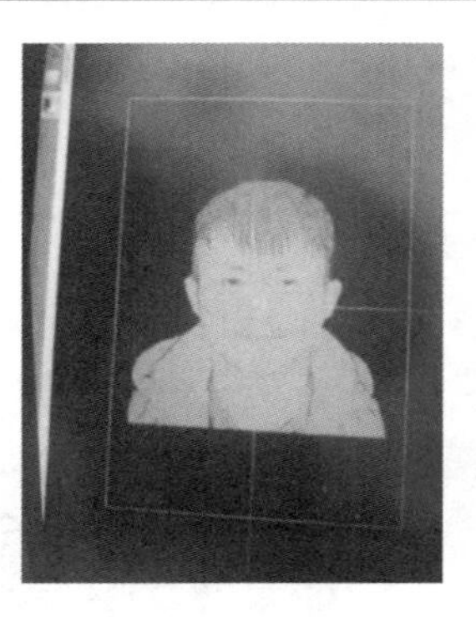

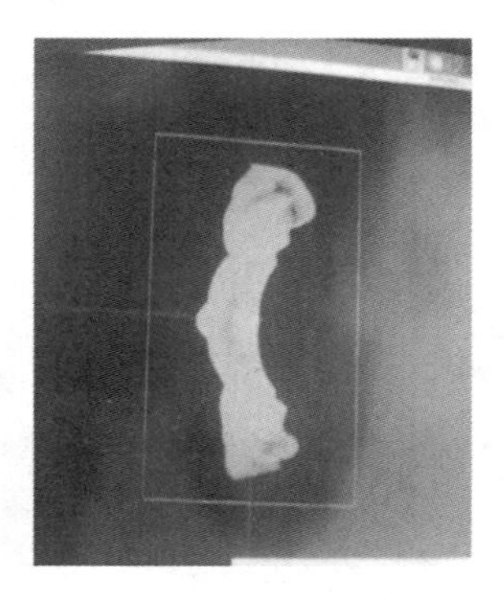

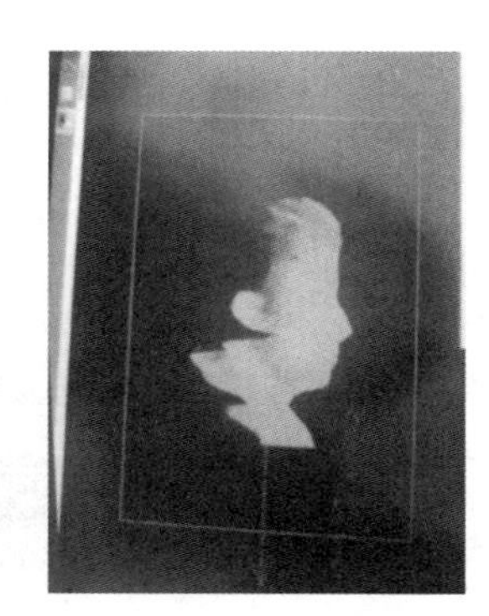

图 2-3-3 调整位置

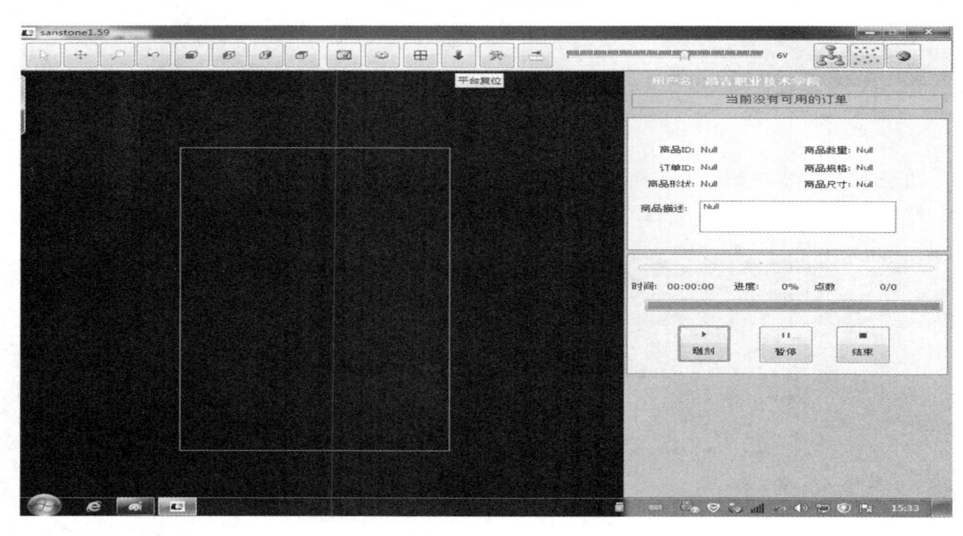

图 2-3-4 平台复位

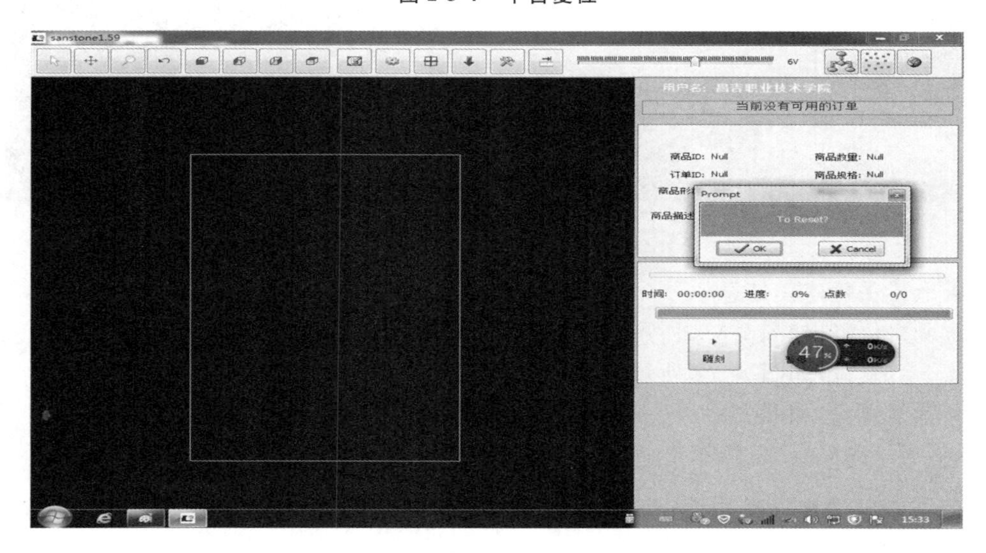

图 2-3-5 点击“OK”，开始雕刻

5. 工作记录

序号	工作内容	工作记录

工作后的思考：

【检验与评估】

1. 教师考核

2. 小组考核

3. 自我评价

【思考与练习】

用手机建模，制作个人内雕头像。

【知识拓展】

1. 激光器的工作原理

激光器的工作原理如图 2-3-6 所示。

2. 激光的特性

激光的特性如图 2-3-7 所示。

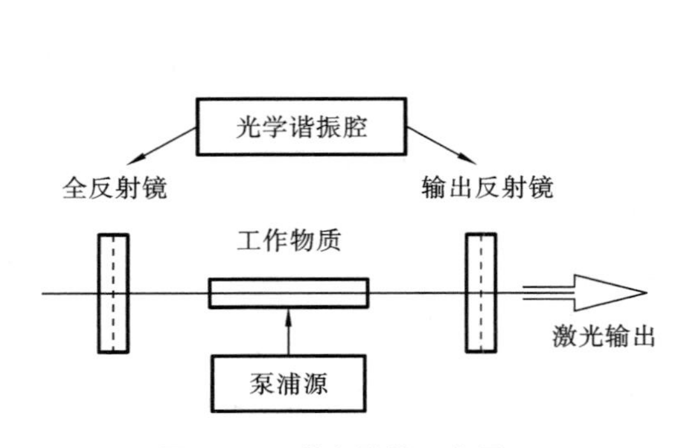

图 2-3-6　激光器的工作原理

图 2-3-7　激光的特性

3. 常用激光器种类

1) 固体激光器

典型的固体激光器有 YAG 激光器。固体激光器主要针对金属材料的加工，其也可以作用于部分非金属材料。

2) 气体激光器

气体激光器的加工对象则主要是非金属，比如木材、皮革、有机玻璃等。

4. 激光的加工方式

激光热加工：具有高能量密度的激光束聚焦在被加工材料表面上，材料表面吸收激光能量，在聚焦点上产生热激发过程，从而使材料表面温度上升，产生熔融、烧蚀、蒸发等现象。

激光冷加工：具有高负荷能量的激光束聚焦在被加工材料表面上，将材料表面的分子的化学键打断并重组，使材料发生非热过程破坏。激光冷加工具有非常高的应用价值，它不会产生"热损伤"副作用，因而对被加工表面的里层和附近区域不产生加热等作用。

（注：紫外激光不会对材料产生热效应，所以一般讲冷加工激光器都是指紫外激光器。）

项目三

激光焊接机的使用

项目描述

激光焊接广泛应用于航空、机械、电子、通信、动力、化工、汽车制造等行业。

激光焊接利用激光束优异的方向性和高功率密度进行工作。激光焊接机通过光学系统将激光束聚焦在很小的区域内，使被焊处在极短的时间内形成一个能量高度集中的热源区，从而使被焊物熔化并形成牢固的焊点和焊缝。

常用的激光焊接方式有两种：脉冲激光焊和连续激光焊，前者主要用于单点固定连续焊接和薄件材料的焊接，后者主要用于大厚件的焊接和切割。

激光焊接加工方法的特征如下。

(1) 采用非接触加工方式，不需对工件进行表面处理和加压。

(2) 焊点小、能量密度高，适合于高速加工。

(3) 焊接时间短，既对外界无热影响，又对材料本身的热变形及热影响小，尤其适合加工熔点高、硬度高的材料。

(4) 不需要填充金属、不需要真空环境(可在空气中直接进行焊接)、不会像电子束那样在空气中产生X射线。

(5) 与接触焊工艺相比，激光焊接无电极、工具等的磨损。

(6) 无加工噪音，对环境无污染。

(7) 也可加工微小工件。此外，还可通过透明材料的壁进行焊接。

(8) 可通过光纤实现远距离焊接，达到普通方法难以达到的部位，实现多路同时或分时焊接。

(9) 很容易改变激光输出焦距及焊点位置。

(10) 很容易搭载到自动机、机器人装置上。

(11) 对带绝缘层的导体可直接进行焊接，对性能相差较大的异种金属也可进行焊接。

脉冲激光焊接可分为传热熔化焊接和深穿入熔化焊接。

传热熔化焊接是指当激光束照射到材料表面时，材料吸收光能而加热熔化。材料表面层的热以传导的方式继续向材料深处传递，直至两个待焊件的接触面互溶并焊接在一起。

深穿入熔化焊接是指当具有更大功率密度的激光束照射到材料上时，材料加热熔化以至汽化，产生较大的蒸汽压，在蒸汽压的作用下，熔化金属被挤在周围使照射处（熔池）呈现出一个凹坑，随着激光束的继续照射，凹坑越来越深，并穿入到另一个工件中。激光束停止照射后，被排挤在凹坑周围的熔化金属重新流回到凹坑里，其凝固后将工件焊接在一起。

这两种激光焊接方式的选取与激光功率密度、激光照射时间、材料性质、焊接方式等因素有关。当激光功率密度较低、照射时间较长而焊件较薄时，通常以传热熔化方式为主进行；反之，则以深穿入熔化方式为主进行。

本项目将以激光焊接机的直线焊接、直角焊接和旋转焊接为例，介绍脉冲激光焊接的方法、加工步骤以及参数的设置方法。

项目目标

【知识目标】

了解激光焊接的原理及特点，掌握脉冲激光焊接机的焊接方法和步骤。

【能力目标】

学生会运用软件 CNC2000 编程并进行焊接，以及掌握直线、直角及旋转焊接的步骤及参数设置方法。

【职业素养】

培养学生将设想变为产品的动手能力，提高学生的自我学习能力，为今后工作奠定坚实的基础。

项目准备

【资源要求】

脉冲激光焊接设备。

【材料工具准备】

1 mm 不锈钢板、1 mm 不锈钢管。

【相关资料】

(1) 脉冲激光焊接机设备使用说明书。

(2) CNC2000 操作手册。

项目分解

任务 1　直线焊接

任务 1　直线焊接

【接受工作任务】

1. 引入工作任务

熟悉激光焊接机的操作方法，熟悉相关软件的使用方法。完成如图 3-1-1 所示的直线焊接。

图 3-1-1　直线焊接

CNC2000 软件界面如图 3-1-2 所示。

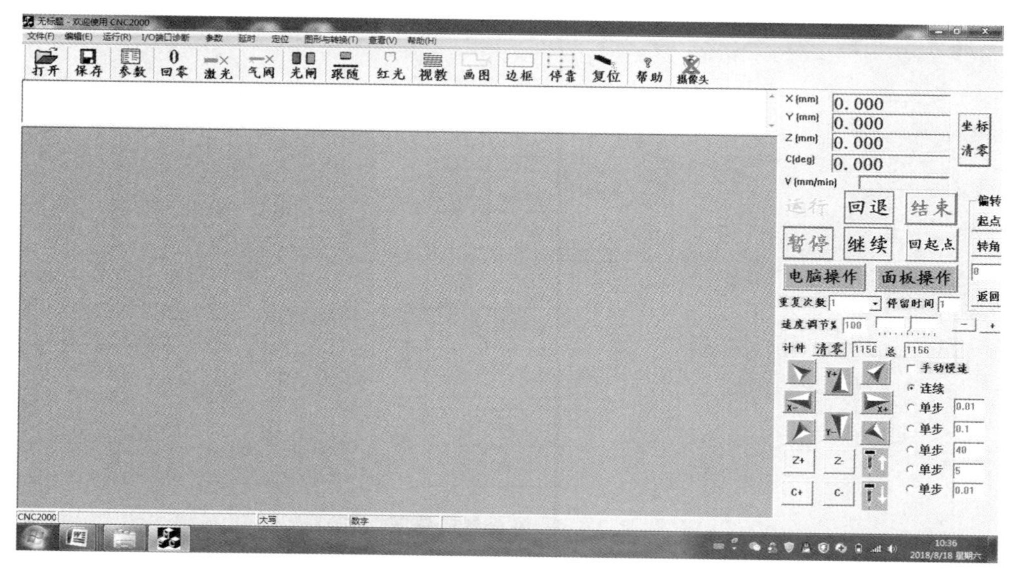

图 3-1-2　软件界面

2. 任务目标及要求

1）任务目标

运用 CNC2000 软件进行直线焊接编程，调试激光焊接机参数，根据焊接步骤实现 1 mm 不锈钢板的直线焊接。

2）任务要求

（1）掌握激光焊接机的操作方法。

（2）掌握软件的使用方法。

【信息收集与分析】

激光焊接设备主要由激光器光路系统、导光聚焦系统、激光电源系统、激光冷却系统、电气及 PLC 运动控制系统、工作台、操作面板等组成，如图 3-1-3 所示。

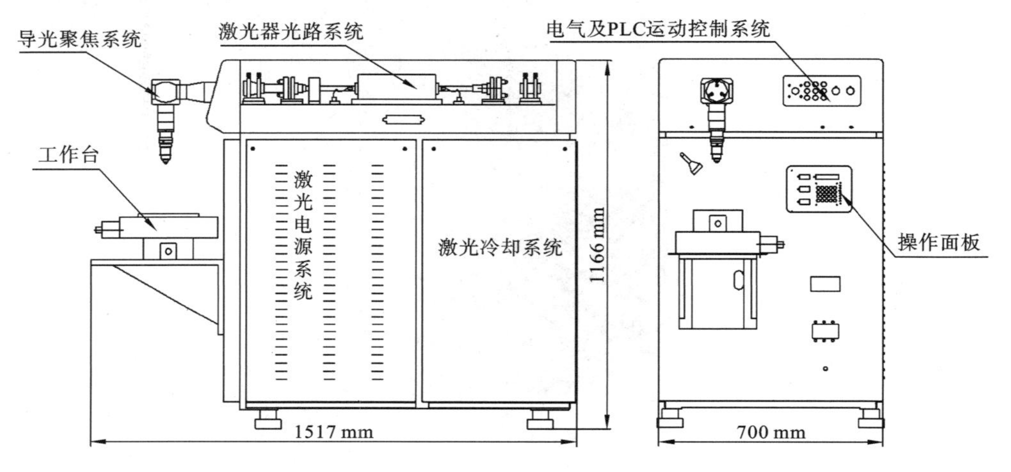

图 3-1-3　激光焊接设备组成

1. 激光器光路系统

光路系统由激光晶体、脉冲氙灯、扩束镜等组成，它决定了激光的输出。激光器光路图如图 3-1-4 所示。

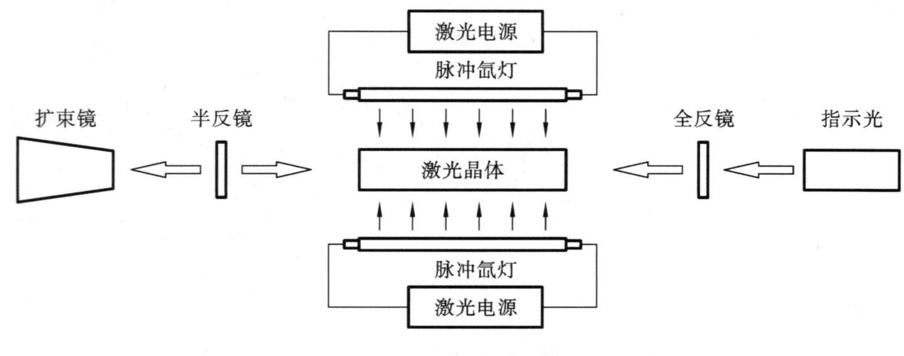

图 3-1-4　激光器光路图

激光器相关参数如表 3-1-1 所示。

表 3-1-1　激光器相关参数

项　　目	参　　数
晶体	Nd:YAG 晶体
激光波长	1064 nm
最大输出功率	450 W
平均输出功率	350 W
输出能量	80 J
脉冲频率	0～100 Hz
脉冲宽度	0.2～20 ms
激光器日连续工作时间	≥24 h
光束发散角	≤8 mrad

2. 导光聚焦系统

导光聚焦系统相关参数见表 3-1-2。

表 3-1-2　导光聚焦系统相关参数

项　　目	参　　数
聚焦镜焦距	75 mm
最小聚焦光斑直径	0.3 mm
聚焦调节范围	0～40 mm
扩束镜倍数	2.5×

3. 激光电源系统

激光电源系统采用新型激光电源，该电源主要由主电路、触发电路、预燃电路、控制电路、保护电路组成，具有过流、过压、流量保护装置，其频率、脉宽、电流均可调。该电源操作面板具有工作时显示电流、脉宽、频率、激光工作次数、工作时间等功能；发生故障时具备显示故障类型的功能。技术指标如表 3-1-3 所示。

表 3-1-3　激光电源技术指标

项　　目	参　　数
输入电源(三相四线)	380V(±5%)
电源额定最大功率	12 kW
脉冲工作电流	60～600 A
电源不稳定度	≤±2.5%
电源接地电阻	≤3 Ω

激光焊接机电源是激光焊接机的重要组成部分，它可供激光焊接机的脉冲氙灯工作，其脉冲频率、脉冲电流、脉冲宽度均可调。

本电源为开关电源，主要原理为：三相交流电经整流、滤波后变成直流，对储能电容充电，经整流逆变后，再通过大功率开关管放电，并经过高功率的精密电感变为恒流源，使氙灯放电，放电的频率和宽度由控制信号决定。原理如图 3-1-5 所示。

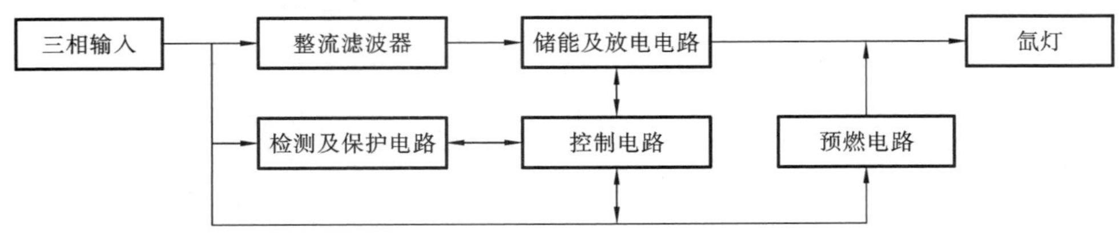

图 3-1-5　激光电源原理图

4. 操作面板

激光电源操作面板如图 3-1-6 所示。

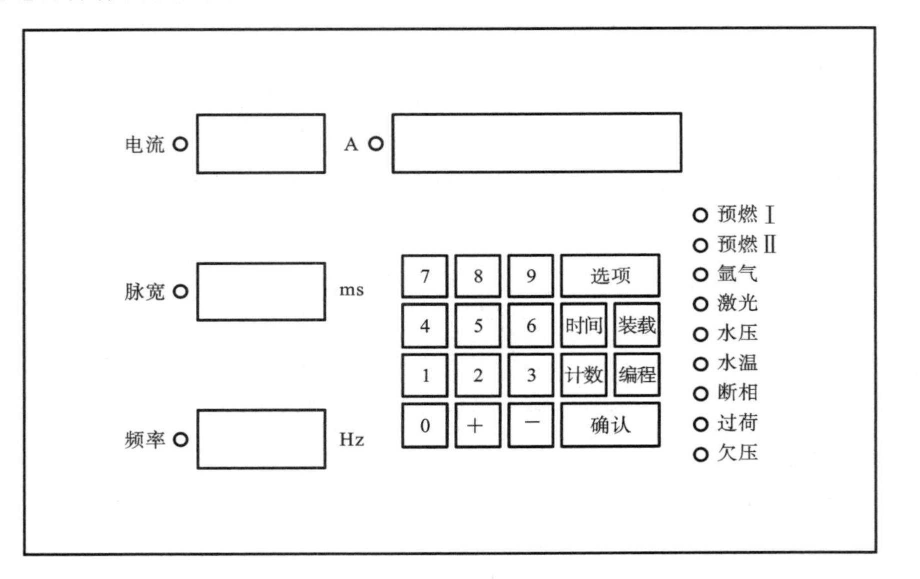

图 3-1-6　激光电源操作面板

开机及触发激光流程如下。

(1) 接通外循环水，合上冷却系统空气开关。

(2) 接通三相交流电源，合上主机空气开关。

(3) 释放急停，然后打开钥匙开关键，此时操作面板显示灯亮，其上显示“P”。

(4) 按压选项键，大屏幕显示“ON”，再按压确认键，电源开始自动执行充电、预燃等程序，1～2 分钟后，预燃显示灯亮，表示氙灯被点燃。

(5) 按压装载键，电流、脉宽、频率屏幕上显示数值，如屏幕上显示的是自己所需的数值，则按压确认键。如屏幕上显示的不是所需数值，可通过按压编程键，设定自己所需的电流、脉宽、频率数值，步骤如下。

① 按压编程键，再按压确认键，电流指示灯亮，这时可以设置自己所需要的电流值。

② 按压选项键，脉宽指示灯亮，可设置脉宽。

③ 按压确认键，频率指示灯亮，可设置频率。

④ 如仍想更改，可通过按压选项键，任意更改电流、脉宽、频率值。

⑤ 电流、脉宽、频率三者的乘积在程序中已经限定，不致出现误操作。

(6) 编程完毕，按压确认键，大屏幕指示灯亮。

(7) 按压确认键，直至 L 后的 · 亮起，即可发出激光。

另外，本机内可装载 100 组固定数据组，用户可将自己试验好的各种材料的激光工艺参数按数字顺序编制为数据组。在开机、装载后，用户可根据所焊接的材料的特性，选择合适的数据组，例如按压"5"键，则程序会自动调取第五组数据进行激光焊接。

本电源还可以对电源波形编程，用户可根据需要编制最多 15 组电源参数，操作流程如下。

(1) 按压编程键，再按压确认键，电流指示灯亮，此时显示的电流和脉宽为常规状态下的工作电流和脉宽，同时也是 15 组电源参数的第一组。

(2) 再按压编程键，此时进入第二组电源参数，按前述步骤(5)设定需要的参数，设定好后，再按压编程键，可进入第三组电源参数，依此类推，可根据需要设置最多 15 组电源参数。

另外，分别按压时间、次数键，可显示整机工作时间或激光放电次数。

关机流程如下。

(1) 关闭激光键，其上指示灯熄灭。

(2) 关闭红光键，其上指示灯熄灭。

(3) 按压选项键，直至大屏幕显示"OFF"字样。

(4) 按压确认键，程序自动执行关机。

(5) 当预燃指示灯熄灭后，关闭钥匙开关或按压急停开关，使其处于关闭状态。

(6) 断开空气开关。

(7) 关闭外循环水。

5. 激光冷却系统

激光焊接设备含内循环冷却系统，外循环系统需使用冷却塔或水冷机组进行冷却。内循环冷却系统包含水箱、热交换器、过滤器、磁性泵，以及水温、水流保护器等相关器件。外循环水进入热交换器从而对内循环系统进行冷却，保证激光器的恒温、稳定工作。为保证热交换器不被杂物堵塞，特在进口处添加了过滤器，并设有与激光电源相连的欠流量保护及超温保护。激光冷却系统相关参数见表 3-1-4。

表 3-1-4　激光冷却系统相关参数

项　目	参　数
供水压力	40 kPa
流量	35 L/min
水温调节范围	20～45 ℃

电能转换成光能时，光电转换效率只有 3%左右，大量的电能都转换成了热能。这部分热能对激光器件有巨大的破坏力，严重会使晶体及氙灯破裂、聚光腔变形甚至失效等，所以必须有冷却系统提供冷却保障。

考虑到系统的光学效率，冷却介质一般选择去离子水或蒸馏水，以保证内循环系统不受污染。水冷系统中安装有靶式流量计，以保证当流量达到设计值时，主电路方可动作，确保氙灯发光时处于冷却状态，避免事故的发生。设备出厂时，靶式流量计已调整为合适值，以保证一定的流量，用户不宜再调。

启动冷却系统，观察各水路有无漏水现象，还需仔细检查各水路的水流情况，不能有任何一路不畅通。否则，应仔细查找原因，及时排除。为保证安全，冷却系统不工作时，激光焊接机应立即停止运行。

图 3-1-7 所示的是冷却系统原理图，具体内容见冷却系统说明书。

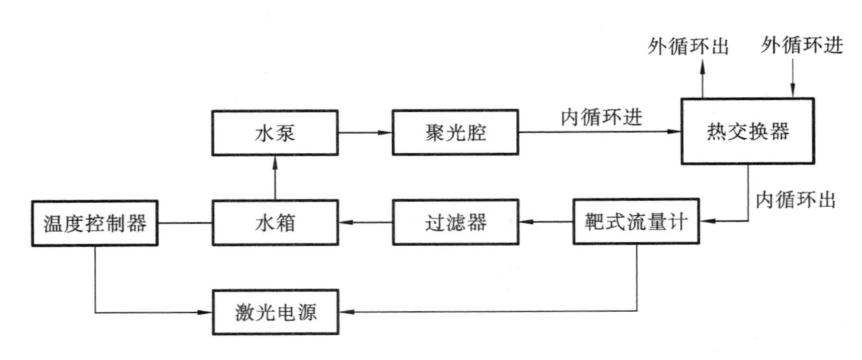

图 3-1-7 冷却系统原理图

6. 电气及 PLC 运动控制系统

操作面板如图 3-1-8 所示。

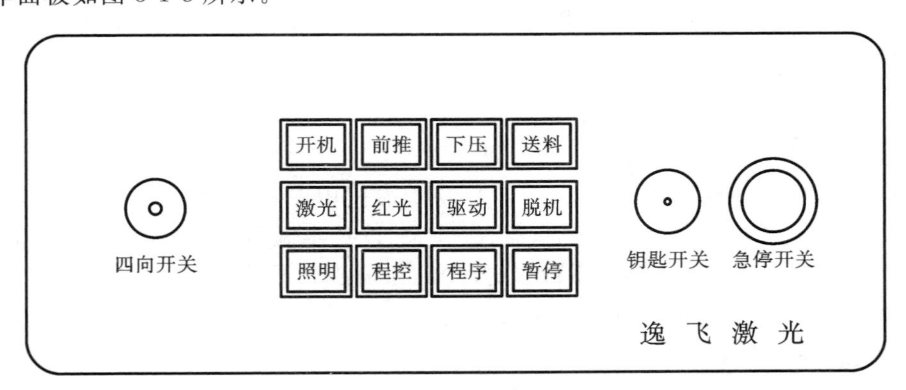

图 3-1-8 电气及 PLC 运动控制系统操作面板

面板上共十二个按键、一个急停开关、一个钥匙开关和一个四向开关(十字操纵杆)。

按下驱动键，步进电机上电，进入数控状态。

在数控状态下，按下脱机键，可手动调整工件的位置，调整完毕以后，要松开脱机键才能重新进入数控状态。

按下红光键，指示光点亮。

按下照明键，照明灯开始工作，松开后，照明灯熄灭。

若灯预燃成功，工作参数设置好后，按下激光键，可按设置频率出光。

通过十字操纵杆可以控制工作台的移动方向。

在程序编制完毕以后，按程控键进入程控状态，再按程序键可开始运行程序，按暂停键可暂停程序运行。

在手动状态下，按下下压键，下压气缸压紧，松开按键后，下压气缸释放。

7. 工作台

设备采用通用型 X、Y 轴两维自动移动平台，工作台行程为 300 mm×100 mm，复位精度≤0.01 mm，定位精度≤0.02 mm。

【制订工作计划】

为直线焊接制订工作计划，如表 3-1-5 所示。

表 3-1-5　直线焊接工作计划

步　骤	工作内容
1	开启设备空气开关，使整机设备通电
2	开启激光器光路系统设备急停开关，打开钥匙开关
3	开启激光冷却系统设备急停开关
4	开启计算机
5	开启红光
6	调整激光参数
7	放置材料，激光对焦
8	打开 CNC2000 软件，进行编程
9	运行，完成直线焊接
10	关闭激光器光路系统，关闭激光冷却系统，关闭计算机，切断电源

【任务实施】

1. 安全常识

(1) 绝对不能直视激光束，包括原光束及反射镜反射的激光束。

(2) 有激光输出时，使用者必须佩戴专业的激光防护眼镜。

(3) 焊接时会产生高温，要注意防火和防烫伤。

(4) 检修设备时必须切断电源，设备不需工作时请勿接通电源，并保证设备良好接地。

2. 工具及材料准备

1 mm 不锈钢板。

3. 教师操作演示

教师按正确的操作步骤演示，并讲解操作要点和注意事项。

4. 学生操作

在教师的指导下进行分组焊接实训。

5. 工作记录

序号	工作内容	工作记录

工作后的思考：

【检验与评估】

1. 教师考核

2. 小组评价

3. 自我评价

【知识拓展】

不同材质材料的激光焊接特性如下。

1. 铝及铝合金

激光焊接铝及铝合金的主要困难来源于铝及铝合金对 CO_2 激光束的反射率高。铝是热和电的良导体，高密度的自由电子使它成为光的良好反射体，其起始表面反射率超过 90%，也就是说，深熔焊必须从小于 10%的输入能量开始，这就要求很高的输入功率以保证焊接开始时必需的功率密度，而一旦小孔生成，它对光束的吸收率会迅速提高，甚至可达到90%，从而使焊接过程顺利进行。焊接铝及其合金时，随着温度的升高，氢在铝中的溶解度急剧增大，溶解于其中的氢会成为焊缝的缺陷源。焊缝中多存在气孔，深熔焊时根部可能出现空洞，焊道成形较差。

2. 不锈钢

不锈钢由于具有良好的抗腐蚀性，以及高温和低温韧性而获得广泛的应用。不锈钢的特点是合金元素含量高，热导性仅为低碳钢的1/3，线膨胀系数大，为低碳钢的1.5倍。Ni-Cr系不锈钢具有很高的能量吸收率和熔化效率，在激光焊接时，由于焊接速度快，减轻了不锈钢焊接时的过热现象和减少了由线膨胀系数大造成的不良影响，让焊缝无气孔夹杂等缺陷，因此接头的强度和母材的相当。用小功率激光焊接薄板，可以获得成形良好、焊缝平滑的接头。

3. 硅钢

硅钢是一种应用广泛的电磁材料。在轧制过程中，为了保证生产线运行的连续性，需要对硅钢薄片进行焊接，但硅钢中Si的质量分数高(约3%)，且Si对Fe具有强烈的固深强化作用，因此硅钢的硬度、强度很高，塑性、韧性很低，而且冷轧造成的加工硬化，会使硅钢的强度和硬度进一步增加。硅钢的热导率仅为纯铁的50%，其热敏性大，易发生过热使晶粒长大，而且晶粒一旦长大，就很难通过热处理使之细化。目前，工业中多采用TIG焊，这种方式存在的主要问题是会使接头脆化，使焊态下接头的反复弯曲次数减少或者不能弯曲，因而不得不在焊后增加一道火焰退火工序。这样既增加了工艺流程复杂性，又降低了生产效率。

4. 铜及铜合金

铜及铜合金具有优良的导电、导热性能，冷、热加工性良好，具有高的扰氧化性和较高的强度，在电气、电子、动力、化工等工业部门中应用较广。

1）铜及铜合金的分类

铜及铜合金可分为紫铜、黄铜、青铜及白铜等。紫铜为含铜量不小于99.5%的工业纯铜；普通黄铜是铜和锌的二元合金，表面呈淡黄色；凡不以锌、镍为主要组成，而以锡、铝、硅等元素为主要组成的铜合金，称为青铜；白铜为含镍量为50%的铜镍合金。

2）铜及铜合金的焊接性

焊接铜和铜合金易产生未熔合与未焊透现象，故应采用能量集中、大功率的热源并配合预热措施；在工件厚度较薄或结构刚度较小，又无防止变形措施时，焊后很容易产生较大的形变，而当焊接接头受到较大的刚性约束时，易产生焊接应力。焊接铜及铜合金时还易产生热裂纹。气孔是焊接铜及铜合金时的常见缺陷，紫铜焊缝中的气孔主要是氢气孔。总的来讲，铜及其合金的焊接具有如下特点。

(1) 铜的导热性强、热容量大，焊接输入热量宜大，必要时可作适当预热。

(2) 铜及铜合金的线膨胀系数大，凝固时收缩率也较大，因此，焊接形变大，且焊件刚度大时易产生裂纹。应采用窄焊道，焊后立即轻轻敲击可细化晶粒，减小残余应力及形变。一些铜合金，如黄铜，焊后有时需经270～560 ℃的退火处理，以消除应力，防止产生“自裂”现象。

(3) 铜在液态时易氧化,生成的氧化亚铜和铜形成低熔点共晶体,分布在晶界,易引起裂纹。用于焊接的紫铜的含氧量一般应小于0.03%,重要件应小于0.01%。

(4) 铜在液化时能溶解大量的氢,在凝固、冷却过程中,溶解度大大减小。氢能和氧化亚铜反应,生成水蒸气,因而会产生气孔。

【思考与练习】

(1) 激光焊接的原理是什么?

(2) 激光焊接有哪些特点?

(3) 进行直线焊接练习。

任务2 直角焊接

【接受工作任务】

1. 引入工作任务

熟悉激光焊接机的操作方法,熟悉相关软件的使用方法。完成如图3-2-1、图3-2-2所示的直角焊接。

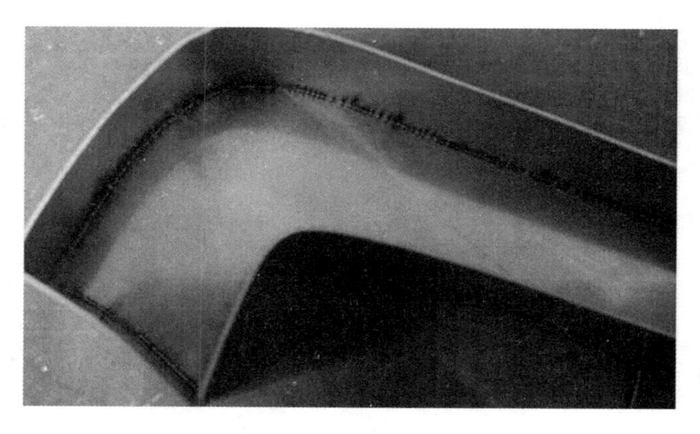

图3-2-1 直角焊接(1)

图3-2-2 直角焊接(2)

2. 任务目标及要求

1）任务目标

完成 1 mm 不锈钢板 90°激光拼焊。

2）任务要求

（1）掌握 1 mm 不锈钢板 90°激光拼焊的操作流程。

（2）掌握激光电源参数设置方法和数控系统编程操作。

【信息收集与分析】

CNC2000 数控系统软件主菜单功能包括文件管理、文件编辑、程序运行、手动操作、图形仿真、AutoCAD 图形文件转化、查看、帮助等。

数控系统界面包括上、下两个用户窗口，可用鼠标拖动两个窗口中间的分界线，改变窗口大小。上窗口为文件编辑窗口，用于进行文件管理与编辑；下窗口为文件执行窗口。

1. 主界面

CNC2000 数控系统软件主界面如图 3-2-3 所示。

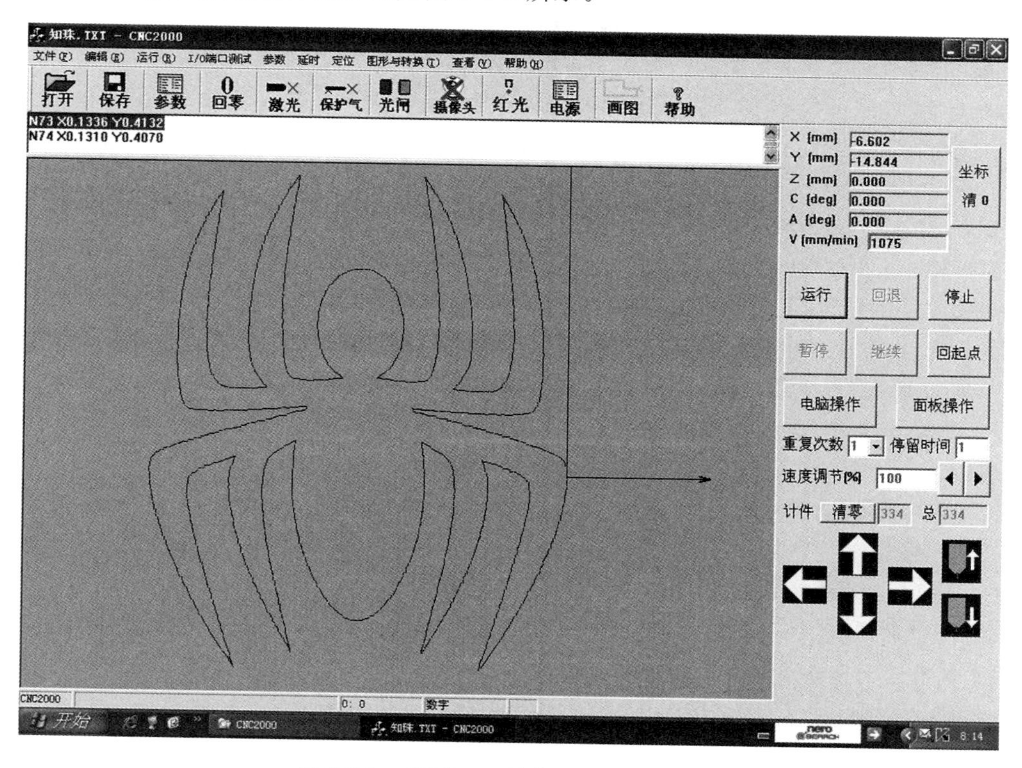

图 3-2-3 CNC2000 数控系统软件主界面

2. 运行环境

CNC2000 数控系统软件基于 Windows 操作系统，可在 Windows 2000、Windows XP、Windows 98、Windows Me 或 Windows 95 下运行。

系统设置：在电源使用方案设置中，将系统等待、关闭监视器、关闭硬盘等全部设置为从不。

计算机上不能安装实时性很强的软件，如病毒实时监控软件等，以免影响 CNC 系统的实时运行。

3. 工作台的移动

1）利用电脑键盘

最简便的操作方法为：选中“电脑操作”，按键盘上的 ←、↑、→、↓ 箭头，或 Page Up、Page Down、Home、End 键移动工作台的 X、Y、Z、C 轴。按下键时，工作台移动；松开键时，工作台停止移动。

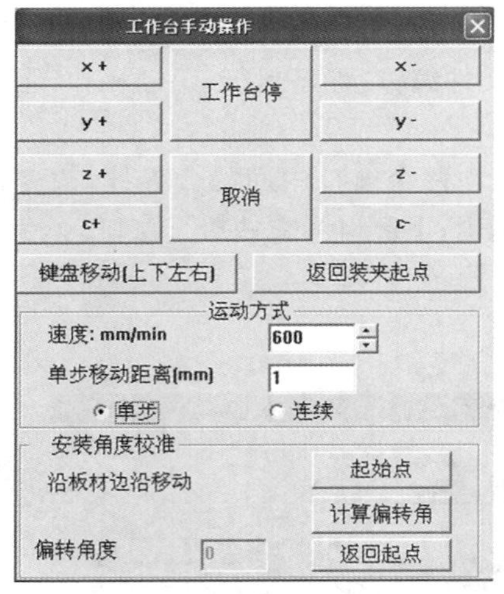

图 3-2-4　工作台手动操作界面

按下 Shift 键后，再按键盘上的 ←、↑、→、↓ 箭头或 Page Up、Page Down、Home、End 键，工作台的移动速度会加快一倍。

2）利用外接操作面板

可利用外接操作面板上的 x＋、x－、y＋、y－、z＋、z－、c＋、c－移动工作台。按下键时，工作台移动；松开键时，工作台停止移动。

3）利用“定位”菜单

按“定位”菜单下的“手动移动与定位”，可精确移动工作台或进行工作台的定位，如图 3-2-4 所示。

对话框中会显示手动移动的速度。选“单步”移动，并输入单步移动距离，可精确移动工作台。

钢板校正：当钢板放偏时，手动让工作台沿钢板的边沿移动，再按“计算偏转角”，可自动计算钢板放偏的角度，程序可自动将所有工件偏转，按偏转方向切割。

钢板自动校正：当钢板放偏时，在切割头上安装一个光电传感器(24V 供电)，传感器输出信号接卡上 10 芯的第 5 脚，当传感器在钢板上时，传感器输出低电平，当传感器离开钢板时，传感器输出高电平。将切割头的起始位置设置在钢板的左下角附近，再按“计算偏转角”，则：

(1) 程序自动计算钢板放偏的角度，同时程序自动将所有工件偏转，按偏转方向切割；

(2) 程序自动找到钢板的“左下角”顶点；

(3) 程序自动移动到切割起点，切割起点与光电传感器红光中心的距离可在“参数”菜单下的“定位参数设置”中进行设置。

4）利用方向箭头按钮

按界面右下角的 4 个方向箭头按钮可慢速移动工作台。切割头升降按钮输出“M03/M04”、“M05/M06”来控制切割头的升降。

4. 数控编程

1）自动编程

点击“图形与转换”菜单下的“自动编程”，可进入自动编程功能。编辑好图形后，按工具栏上的“保存”可自动将图形转换为数控程序，并回到数控加工状态。想了解其他自动编程相关知识请参考 StarCAM 手册。

2）视教编程

点击“图形与转换”菜单下的“视教编程”进行编程。有电脑移动和面板移动两种模式。在电脑移动模式下，按 x＋、x－、y＋、y－、z＋、z－、c＋、c－将工作台移动到工件起点，按“起点，直线终点”按钮定义该点为起点，然后移动工作台到直线转折点，按“起点，直线终点”按钮确认。如果图形是圆弧，还需要在圆弧中间位置选择圆弧通过点。在面板移动模式下，用↑、↓、←、→箭头移动 X、Y 轴。当按下“快速”键时，用↑、↓、←、→箭头移动 Z、C 轴。

3）手工编程

手工编程步骤如下。

（1）进入视教编程后，先移动工作台到工件起点，并用鼠标点击“直线终点”（面板操作时，按一下“Start”键）。

（2）选择加工方式为“空走”（不出激光）或“加工”（出激光），移动工作台到下一个转折点（短距离时选择单步移动，长距离时选择连续移动），并用鼠标点击“直线终点”（面板操作时，按一下“Start”键）。

（3）用鼠标点击“确认”，完成视教编程，同时，工作台会自动移动到工件起点。

【制订工作计划】

为直角焊接制订工作计划，如表 3-2-1 所示。

表 3-2-1　直角焊接工作计划

步　骤	工 作 内 容
1	开机
2	装夹工件
3	调整激光焦距
4	调整摄像头焦距
5	调整参数
6	进行点焊
7	进行视教编程，确定起点、终点
8	完成焊接
9	关闭激光器光路系统，关闭激光冷却系统，关闭计算机，切断电源

【任务实施】

1. 安全常识

（1）认真阅读设备使用说明书，严格按操作规程运行机器，以确保设备和人身安全。

（2）机壳必须安全接地。

（3）激光器工作期间，切勿用眼睛正视激光束，也切勿让身体（如手）接触激光束。

（4）如需对机器进行检修，一定要断电，且要确定储能电容器上的电荷已经放完了，以免造成触电事故。

（5）注意保持环境及设备的清洁，经常检查激光棒及光学元件是否被污染。

（6）内循环水一定要保持洁净，否则将影响激光器的输出功率，用户可根据开机时间、水质等确定更换冷却水的周期，一般来说夏天比冬天的换水周期要短些。

（7）如机器在运行过程中出现异常现象，则需要进行断电检查。

2. 工具及材料准备

1 mm 不锈钢板。

3. 教师操作演示

教师按步骤进行操作，重点讲解操作要点和操作规范。

4. 学生操作

学生按要求操作，注意操作规范和安全。

5. 工作记录

序号	工 作 内 容	工 作 记 录

工作后的思考：

【检验与评估】

1. 教师考核

2. 小组评价

3. 自我评价

【知识拓展】

不锈钢薄板脉冲激光焊接工艺的气孔产生机理及防止措施

不锈钢无磁性，抗腐蚀性能优良，具有较高的强度和塑韧性，是应用非常广泛的结构功能一体化材料，但奥氏体不锈钢具有较大的线膨胀系数和较低的热导率。而脉冲激光焊的热输入小，焊接速度快，具有精密的加工性能，适合加工不锈钢薄板等对附加值和精度要求较高的产品。但由于工艺的不成熟，薄板时常会出现气孔等缺陷。采用不同的工艺参数对不锈钢 304 薄板进行脉冲激光焊接，使用电子显微镜观察焊缝组织及气孔形貌，并对接头进行拉伸实验和微观硬度测试，结果表明：不锈钢激光脉冲焊接一般不产生冶金气孔，但不当的焊接工艺会导致产生不规则的圆锥形的、尺寸较大的工艺气孔，会严重降低接头成形质量。适当增加脉冲频率和脉宽可以有效提高焊缝质量，当脉冲频率为 15 Hz，脉宽为 3 ms 时，焊缝中的气孔基本消除。

【思考与练习】

（1）复习视教编程的流程。

（2）练习直角焊接。

任务 3 旋转焊接

【接受工作任务】

1. 引入工作任务

熟悉激光焊接机的操作方法，熟悉相关软件的使用方法。完成如图 3-3-1 所示的旋转焊接。

图 3-3-1 旋转焊接

2. 任务目标及要求

1）任务目标

掌握旋转焊接方法，完成 1 mm 不锈钢管的旋转焊接。

2）任务要求

（1）掌握设备的操作方法。

（2）掌握激光焊接机旋转加工工艺，熟练运用激光焊接设备进行激光焊接加工。

【信息收集与分析】

CNC2000 系统中采用的数控代码有如下几种。

1. G 代码

1）G00（或 G0、g00、g0）

功能：快速移动到终点。

格式：G00 Xa Yb Zc。

说明：由直线的起点向终点作一向量，向量在 X 方向的分量为 a，在 Y 方向的分量为 b，在 Z 方向的分量为 c，所以 a、b、c 是带符号的（单位：mm）。

编程时可以省去 Xa、Yb、Zc 中为零的项，示例如下。

G00 X100 ：工作台以运动参数设置中所设置的上限速度从(0,0,0)点运动到(100,0,0)点。

G00 X100 Y100：工作台以运动参数设置中所设置的上限速度从(0,0,0)点运动到(100,100,0)点。

G00 X100 Y100 Z100：工作台以运动参数设置中所设置的上限速度从(0,0,0)点运动到(100,100,100)点。

2）G01（或 G1、g01、g1）

功能：直线插补。

格式：G01 Xa Yb Zc Ff。

说明：由直线的起点向终点作一向量，向量在 X 方向的分量为 a，在 Y 方向的分量为 b，在 Z 方向的分量为 c，所以 a、b、c 是带符号的（单位：mm）。

Ff 是可选项，f 为工作台的运行速度（单位：mm/min）。如果在这一条代码指令前执行的代码指令规定了速度值，而此时不改动的话，可省略本项。

编程时可以省去 Xa、Yb、Zc 中为零的项，示例如下。

G01 X100 F1000：工作台以 1000mm/min 的速度从(0,0,0)点运动到(100,0,0)点。

G01 X100 Y100 F2000：工作台以 2000mm/min 的速度从(0,0,0)点运动到(100,100,0)点。

G01 X100 Y100 Z100 F1500：工作台以 1500mm/min 的速度从(0,0,0)点运动到(100,100,100)点。

实例 1 编写图 3-3-2 所示的轨迹的数控加工程序（起点在左下角，运动方向如箭头所示）。

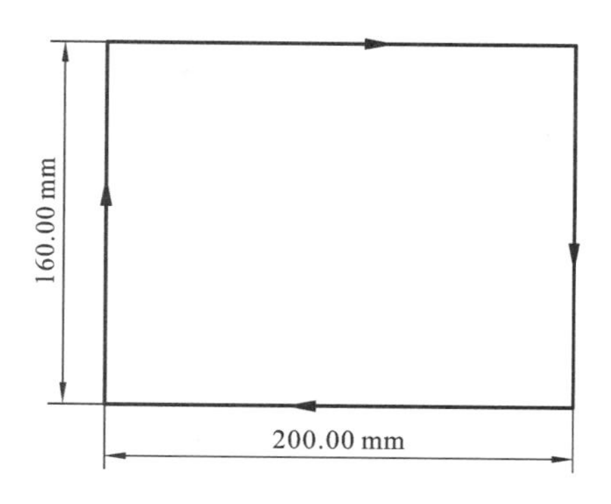

图 3-3-2　实例 1 图

M07	出激光
G04 T100	停 100 ms
G01 Y160 F5000	Y 正向走 160 mm，运动速度为 5000 mm/min
G01 X200	X 正向走 200 mm
G01 Y—160	Y 负向走 160 mm
G01 X—200	X 负向走 200 mm
M08	关激光
M02	程序结束

3）G02（或 G2、g02、g2）

功能：顺时针圆弧插补。

格式：G02 Xa Yb Id Je Ff。

说明：X、Y、F 三项同 G01，由圆弧起点向圆心作一向量，向量在 X 方向的分量为 d、在 Y 方向的分量为 e。

示例如下。

G02 X0 Y0 I2 J0 F1000

工作台以 1000 mm/min 的速度顺时针走半径为 2 mm 的整圆。起点坐标为(0,0)，终点与起点重合，坐标差为(0,0)。圆心坐标为(2,0)，所以，从起点到圆心的向量在 X、Y 方向的分量 I、J 分别为 2、0。

G02 X100 Y100 I100 J0 F2000

工作台以 2000 mm/min 的速度从(0,0)点运动到(100,100)点，顺时针走半径为 100 mm 的 1/4 圆。终点与起点坐标差为(100,100)，圆心坐标为(100,0)，从起点到圆心的向量在 X、Y 方向的分量 I、J 分别为 100、0。

4）G03（或 G3、g03、g3）

功能：逆时针圆弧插补。

格式：同 G02。

说明：同 G02。

实例 2　编写图 3-3-3 所示的轨迹的数控加工程序（起点在左下角，运动方向如箭头所示）。

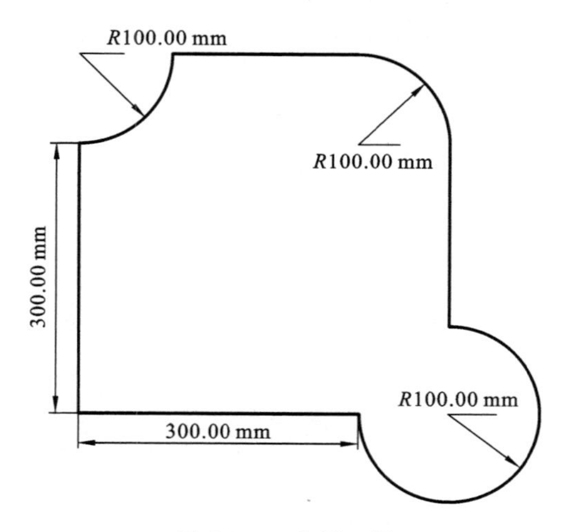

图 3-3-3 实例 2 图

M07	出激光
G04 T200	停 200 ms
G01 X0 Y300 F2000	Y 正向走 300 mm,运动速度为 2000 mm/min
G03 X100 Y100 I0 J100	逆时针走 1/4 圆弧
G01 X200 Y0	X 正向走 200 mm
G02 X100 Y—100 I0 J—100	顺时针走 1/4 圆弧
G01 X0 Y—200	Y 负向走 200 mm
G02 X—100 Y—100 I0 J—100	顺时针走 3/4 圆弧
G01 X—300	X 负向走 300 mm
M08	关激光
M02	程序结束

5) G04(或 G4、g04、g4)

功能:插入一段延时。

格式:G04 Tt。

说明:t 为延时时间(单位:ms)。

例如,G04 T1000 表示停 1 s。

6) G40、G41、G42(或 g40、g41、g42)

功能:G40——刀具半径(或长度)补偿取消;G41——左刀补;G42——右刀补。

格式:G40;G41;G42。

7) G20、G21、G22

功能:G20——英制编程;G21——公制编程;G22——脉冲数编程。

格式:G20;G21;G22。

8) G50、G51

功能:G50——取消缩放;G51——指定缩放。

格式:G50;G51 Pp。

说明：p 为放大或缩小倍数。

例如，G51 P1.2 表示将图形或文字放大 1.2 倍。

9）G68、G69（或 g68、g69）

功能：G68——坐标系旋转；G69——取消坐标系旋转。

格式：G68 PΦ；G69。

说明：Φ 为旋转度数。该功能一般用于板材切割，当板材没放正时，可对整张板进行旋转。

10）G90、G91（或 g90、g91）

功能：G90——绝对坐标编程；G91——增量坐标编程。

格式：G90；G91。

当程序中没有出现 G90、G91 代码时，默认编程方式为增量坐标编程方式。

实例 3　将实例 1 和 2 的加工程序改为绝对坐标编程。

G90	绝对坐标编程
M07	出激光
G04 T100	停 100 ms
G01 X0 Y160 F5000	走到位置(0,160)，运动速度为 5000 mm/min
G01 X200 Y160	走到位置(200,160)
G01 X200 Y0	走到位置(200,0)
G01 X0 Y0	走到起点位置(0,0)
M08	关激光
M02	程序结束

G90	绝对坐标编程
M07	出激光
G04 T200	停 200 ms
G01 X0 Y300 F2000	走到位置(0,300)，运动速度为 2000 mm/min
G03 X100 Y400 I0 J100	逆时针走 1/4 圆弧
G01 X300 Y400	走到位置(300,400)
G02 X400 Y300 I0 J—100	顺时针走 1/4 圆弧
G01 X400 Y100	走到位置(400,100)
G02 X300 Y0 I0 J—100	顺时针走 3/4 圆弧
G01 X0 Y0	走到起点位置(0,0)
M08	关激光
M02	程序结束

注意：无论是绝对坐标编程，还是增量坐标编程，I、J 的值始终为从圆弧起点到圆心的相对坐标。

11）G29、G30

功能：G29——设置当前位置为电器原点；G30——返回电器原点。

格式:G29;G30。

12) G64、G60

功能:G64——连续加工开始;G60——取消连续加工。

格式:G64;G60。

13) G24

功能:镜像。

示例如下。

X 轴镜像(相当于 Y 轴反向):

G24 X0

Y 轴镜像(相当于 X 轴反向):

G24 Y0

X、Y 轴同时镜像:

G24 X0

G24 Y0

注:镜像时自动将当前程序 X 轴或 Y 轴的正负限位开关镜像,对于不镜像的工件程序,X 轴或 Y 轴的正负限位开关为正常方向。

14) G32

功能:设置固定坡口或变坡口值。

格式:G32 B、G32 C。

示例如下。

G32 B15　设置下段线的固定坡口为 15°。

G32 C15　设置下段线的坡口由当前值均匀变化到 15°。

2. M 代码

M 代码的功能总结如下。

M00　程序停止

M02　程序结束

M17　子程序结束

M03/M04　　34 脚对地(VSS1)接通/断开。

M05/M06　　15 脚对地(VSS1)接通/断开。

M07/M08　控制出光/关光　33 脚对地(VSS1)接通/断开。

M09/M10　气阀通/断　14 脚对地(VSS1)接通/断开。

M92/M91　光闸开/关　13 脚对地(VSS1)接通/断开。

3. 其他代码

1) Q 代码

功能:标明子程序名。

格式:Qmn。

说明:m、n 均为一位十进制数。

2）L 代码

功能：子程序调用。

格式：Lmn pq

说明：m、n、p、q 均为一位十进制数，表示连续调用 Qmn 子程序 pq 次。

实例 4　工作台以 1m/min 的速度走一边长为 100 mm 的正方形，循环两次。

```
L01 02                      调 1 号子程序 2 次
M02                         程序结束
Q01                         子程序开始
G01 X100 F1000
Y100
X—100
Y—100
M17                         子程序结束
```

代码书写格式如下。

L 代码、Q 代码必须单独作为一行，其他的代码无此限制，但每行最多只允许有 65 个字符（包括空格符在内）。代码的各项之间、代码与代码之间可用空格、逗号或“Tab”分隔，也可以不分隔，大小写任意。

本系统中的基本图形有三种：直线、顺时针圆弧、逆时针圆弧（与 G01、G02、G03 代码对应）。当图形不变时，后面的 G 代码可省略不写，下面两种格式是等效的。

标准格式：	省略格式：
…	…
G01 X… Y… Z… F…	G01 X…Y…Z…F…
G01 X… Y… Z… F…	X…Y…Z…F…
…	…
G03 X… Y… I… J… F…	G03 X…Y…I…J…
G03 X… Y… I… J… F…	X…Y…I…J…F…
…	…

此外，在每一行的最前面，可用 Nn 标明行号，n 为整数。

行号可以省去不写。

例如，N100 G01 X100 F1000 等价于 G01 X100 F1000。

注意：在编辑程序或修改程序后，应“保存”程序，保存后程序才生效。

CNC20000 软件调试技巧如下。

（1）测定步进当量（脉冲当量）。

用编程方法确定步进当量：G22 指令表示用“脉冲数编程”（按 F1 键参看在线帮助）。例如，运行程序：

```
G22
G01 X1000
```

M02

则沿 X 轴走 1000 个脉冲，测量出 X 走的长度，即为脉冲当量。

(2) 测试 I/O 端口。

选菜单上的“I/O 端口测试”，程序会弹出 I/O 端口测试对话框。然后用手按下极限开关或零位开关，程序自动检测断口，并在相应位置打钩。

用鼠标点击工具栏上的“激光”、“保护气”、“光闸”等，相应的继电器会动作。

【制订工作计划】

为旋转焊接制订工作计划，如表 3-3-1 所示。

表 3-3-1 旋转焊接工作计划

步骤	工作内容
1	开机
2	装夹工件
3	调整激光角度
4	调整激光焦距
5	调整摄像头焦距
6	调整参数
7	进行点焊
8	进行视教编程，确定起点、终点
9	完成焊接
10	关闭激光器光路系统，关闭激光冷却系统，关闭计算机，切断电源

【任务实施】

1. 安全常识

(1) 操作人员应持有效操作证，应按岗位规定穿戴好个人防护用品。

(2) 保持工作现场干燥、光线适宜、操作者工作区域内无障碍物。

(3) 确保设备周围无易燃易爆物品。

(4) 确保氮气气瓶摆放整齐，明确区分使用与未使用的气瓶。

(5) 启动设备前应进行设备检查。

2. 工具及材料准备

1 mm 不锈钢管。

3. 教师操作演示

教师按步骤进行操作，重点讲解操作要点和操作规范。

4. 学生操作

学生按要求操作，注意操作规范和安全。

5. 工作记录

序号	工 作 内 容	工 作 记 录

工作后的思考：

【检验与评估】

1. 教师考核

2. 小组评价

3. 自我评价

【知识拓展】

激光焊接机保养规范

1. 保养目的

提高光能转换效率，降低光路镜片及氙灯损耗率，从而降低设备配件成本以及焊接产品的不良率。

2. 维护注意事项

(1) 维护必须在停机断电状况下或设备停机两分钟后进行(设备内部电容充分放电后)。

(2) 安装腔体或更换氙灯时,要注意整个腔体和配件的整洁度,不得用手直接触摸反光瓦块镀金反射面。

(3) 尽量防止手触摸到镜片平面及瓦块内侧反光层。

(4) 所有的光路部件只能用干纸巾擦拭或用无水乙醇清洗(滤紫管除外)。

(5) 安装腔体时要注意轻拿轻放,不得有大的震动,以免损坏玻璃管或影响整个腔体的装配精度。

(6) 在装灯、装棒时不得遗漏垫片、密封圈或将部件安装顺序弄错,否则会引起漏水或晶体端面受损。

(7) 扣合上、下腔体时不得装反方向,否则可能损坏腔体或导致内循环水循环不良,从而致使灯管和晶体损坏。

(8) 打开前盖后,注意不要将整个光路部分暴露在脏的环境中,应保持环境的整洁度,避免灰尘沾附在光路镜片的反射面和聚光腔的反射面中。

更换灯时,应戴上防尘手套或者薄膜手套,一定要注意不要碰到聚光腔的表面或划伤聚光腔。应保持聚光腔的整洁性,避免灰尘落在聚光腔上。

3. 工具及材料准备

(1) 公制内六角扳手一套。

(2) 无水乙醇一瓶,棉签若干,干净的无尘纸若干。

(3) 新氙灯两支。

4. 维护操作步骤

(1) 先对氙灯两端对地放电,使用 M2.5 六角扳手松开氙灯两端的夹头(灯极夹头)的固定螺丝(一手松开螺丝时,另一只手需稳住氙灯同端,防止扭力过大损坏氙灯)。逐个卸完氙灯两端的夹头,如图 3-3-4 所示。

图 3-3-4 维护操作步骤(1)

（2）使用M5内六角扳手将上下腔体连接螺丝拆下，两手揭开上腔体放在一边待用（揭开上腔体前先拧松上腔体顶部的放气螺丝，将腔体内部余水放出，避免余水滴在腔体反射面上），如图3-3-5所示。

图3-3-5　维护操作步骤(2)

（3）使用M4内六角扳手拆下左手边镜片架放置一边，如图3-3-6所示。

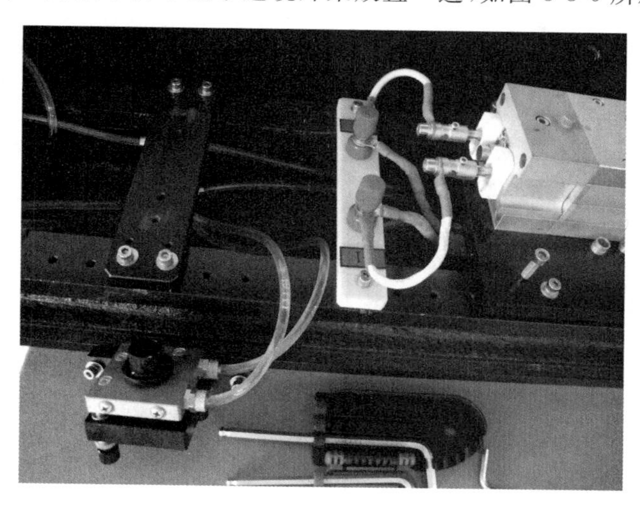

图3-3-6　维护操作步骤(3)

（4）用M2.5、M3内六角扳手拧下晶体两端的棒压盖（需要同时拧下两端的棒压盖螺丝，以防止只有一端受力而导致晶体端面崩裂），手拿晶体两端，双手同时轻轻往半反镜片方向使力，慢慢取出晶体，将其放入指定的安全区域（记住晶体两端的垫片及密封圈的顺序），如图3-3-7所示。

（5）清洗晶体。用棉签与无水乙醇清洗棒套表面和两端端面（注意：晶体易碎，清洗晶体时手需拿稳，清洗端面时需轻轻地来回擦洗），清洗完后检查晶体端面，确保无任何残留物。如图3-3-8、图3-3-9所示。

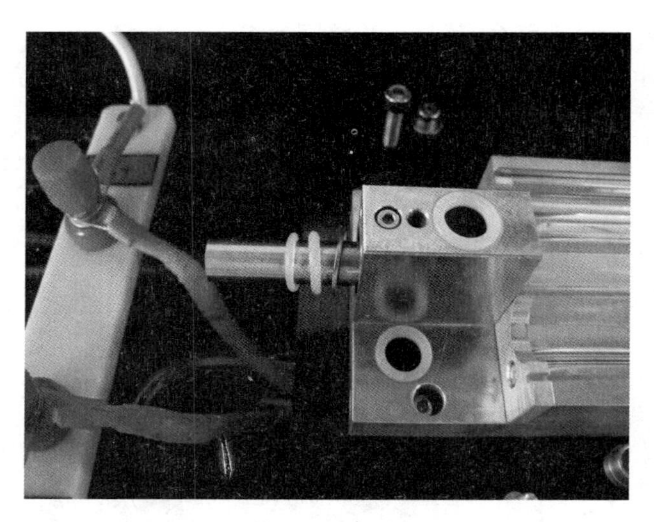

图 3-3-7 维护操作步骤(4)

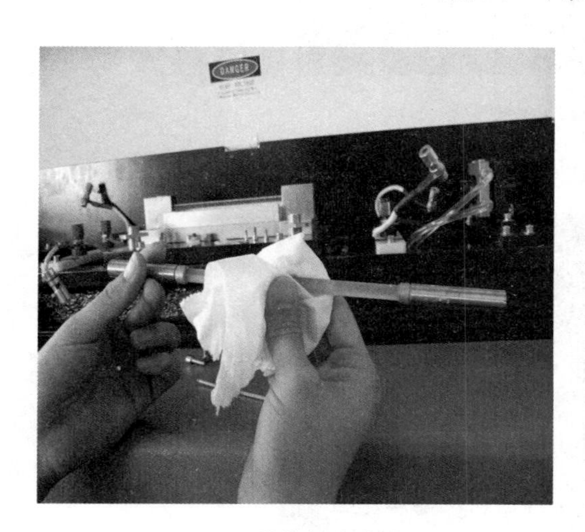

图 3-3-8 维护操作步骤(5)

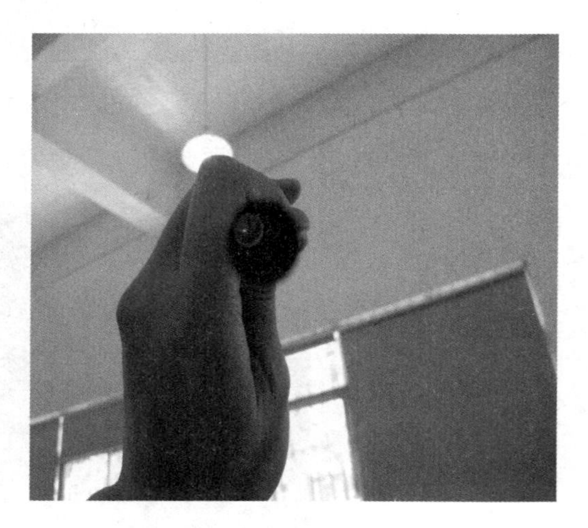

图 3-3-9 维护操作步骤(6)

(6) 检查上下瓦块反光面的情况，根据需要可以使用无尘纸擦拭，确保清洗后的瓦块内侧反光面无任何水质及脏污(注意：瓦块反光面只可使用棉签和无尘纸擦拭)，如图 3-3-10 所示，瓦块内侧耗损严重时有必要根据情况更换新的。

(7) 将清洗好的晶体安装在下腔内(晶体两端露出的棒套的长度需相等)，如图 3-3-11 所示。

(8) 检查滤紫管内外壁透明情况，根据表面透明度情况进行清洗，更换氙灯，如图 3-3-12 所示(注意：氙灯与晶体的滤紫管内壁过脏时可以使用少量的洁厕灵擦洗，切不可将该液体滴到其他配件上，擦洗后的滤紫管需用清水清洗干净；氙灯更换频率可参考《激光焊接机设备履历表》)。

(9) 在晶体和氙灯安装完成后，将上腔体按扣合方向合上，拧紧上下腔体锁紧螺丝，如图 3-3-13 所示，在氙灯两端装入灯极夹头锁紧(一只手拧紧灯极夹头，另一只手稳握住氙灯同端)。

图 3-3-10 维护操作步骤(7)

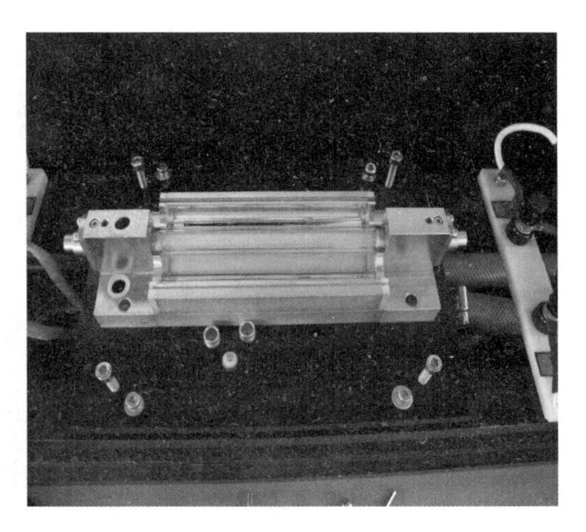

图 3-3-11 维护操作步骤(8)

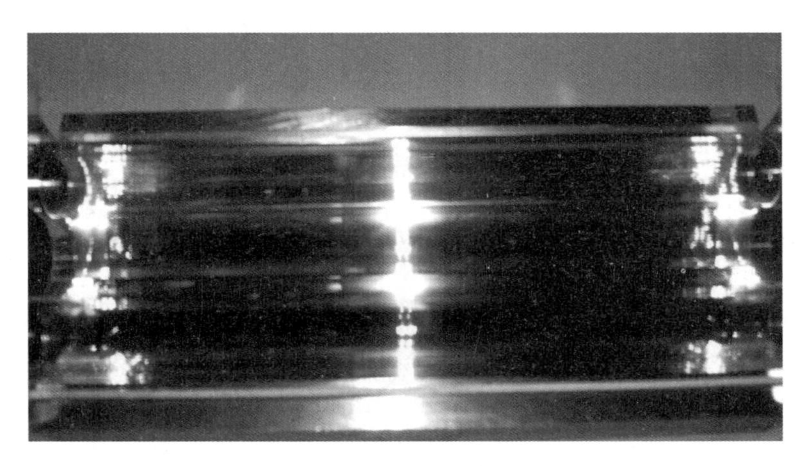

图 3-3-12 维护操作步骤(9)

(10) 检查并清洗设备内循环水水箱，清洗完后更换内循环水(注意：戴上白色纱布手套清洗水箱内壁，内循环水必须使用设备公司自制的除锂离子水)，如图 3-3-14 所示。

图 3-3-13 维护操作步骤(10)

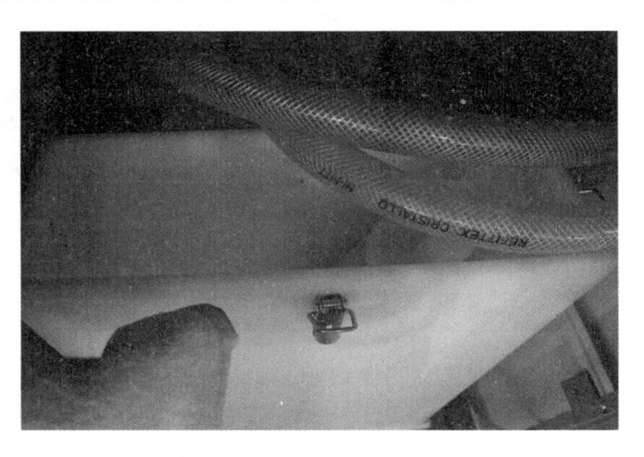

图 3-3-14 维护操作步骤(11)

(11) 清洁光学镜片。拿住镜片的边缘,向着日光灯平放,方便观察镜片表面依附的灰尘以做清洁。滴几滴无水乙醇到无尘纸上,然后将无尘纸湿的那部分往镜片的一个方向轻轻拖动,如图 3-3-15 所示,在日光灯下检查是否清洁干净(每次保养时必须清洗各光路镜片,以保证光传输质量)。

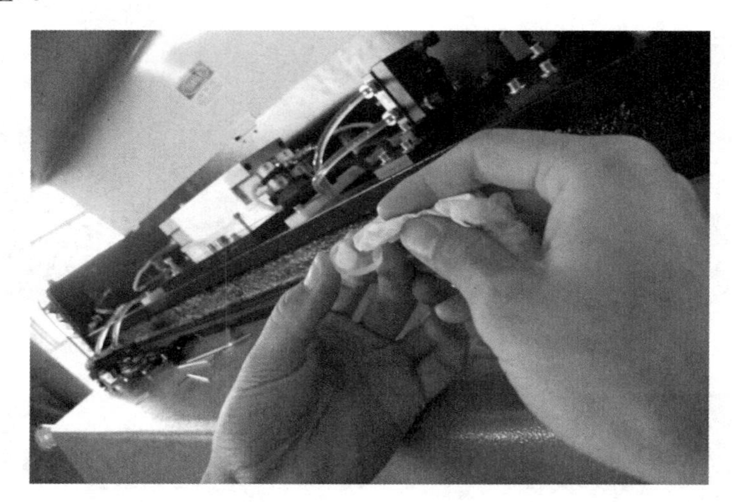

图 3-3-15 维护操作步骤(12)

(12) 更换好内循环水后,开机检查腔体有无漏水现象(一般开机 5 min 内无漏水或渗水现象可判为正常),如图 3-3-16 所示。

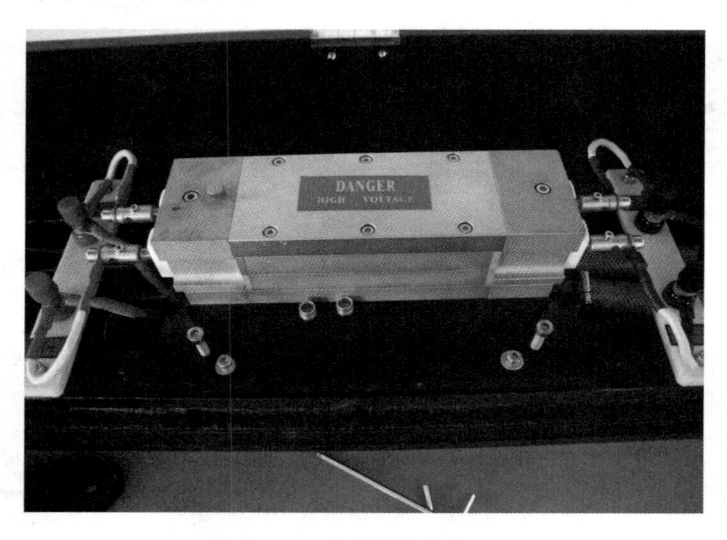

图 3-3-16 维护操作步骤(13)

(13) 开机后,调节好参数,依据激光焊接机光路校正方法调试各段光路。

【思考与练习】

(1) 复习旋转焊接步骤。

(2) 练习手工编程。

项目四

激光雕切机的使用

项目描述

激光雕切机主要是利用激光束优异的方向性和高功率密度等特点进行工作的，其通过光学系统将激光束聚焦在很小的区域内，在极短的时间内将工件切割（或将工件灼烧、腐蚀）。TY-LF-260 型激光雕切机采用封离式二氧化碳激光器、精密皮带传动技术，配以专业高精度激光头，激光输出功率稳定，加工幅面大，可对亚克力、木材等各种不同厚度的材料进行精准切割，配备 3.5 英寸液晶显示屏，脱机操作更为便捷。激光雕切机广泛应用于服装制作、显示屏膜制作、纸制品印刷等行业，如图 4-0-1 所示。

图 4-0-1　激光雕切机的应用

1. 激光雕切机的适用范围

(1) 广告业:有机玻璃切割、标牌雕刻、双色板雕刻、水晶奖杯雕刻等。

(2) 礼品业:在木板、竹片、双色板、密度板、皮革等材料上雕刻文字及图案。

(3) 皮革及服装加工业:可在真皮、合成革、布料上进行复杂工艺加工。

(4) 其他行业:用于模型制作、装饰装潢、产品包装等。

2. 激光雕切机的优点

(1) 使用范围广:二氧化碳激光几乎可对任何非金属材料进行雕刻和切割,并且价格低廉。

(2) 安全可靠:采用非接触式加工,不会对材料造成机械挤压或机械应力;没有“刀痕”,不伤害加工件的表面,不会使材料变形。

(3) 精确细致:加工精度可达到 0.02 mm。

(4) 节约环保:光束和光斑直径小,一般小于 0.5 mm;切割加工节省材料,安全卫生。

(5) 效果一致:保证同一批次的加工效果完全一致。

(6) 高速快捷:可立即根据计算机输出的图样进行高速雕刻和切割。

(7) 成本低廉:不受加工数量的限制,对于小批量加工服务,激光加工更加便宜。

本项目将以 TY-LF-260 型激光雕切机为例,介绍激光雕切机的雕刻方法、切割方法,以及相应的加工步骤和参数设置方法。

TY-LF-260 型激光雕切机加工实训系统如图 4-0-2 所示。

图 4-0-2 TY-LF-260 **型激光雕切机加工实训系统**

项目目标

【知识目标】

了解激光雕切机的工作原理及激光雕切的特点,掌握 TY-LF-260 型激光雕切机的使用方法和操作步骤。

【能力目标】

会运用 RDCAM 软件进行设计、加工工作，掌握矢量图及位图的雕刻步骤及参数设置。

【职业素养】

培养学生将设想变为产品的动手能力，提高学生的自我学习能力，为今后工作奠定坚实的基础。

项目准备

【资源要求】

TY-LF-260 型激光雕切机加工实训系统一套。

【材料工具准备】

皮革、木板或亚克力板、木质材料。

【相关资料】

(1) TY-LF-260 型激光雕切机说明书。

(2) RDCAM 软件使用说明书。

项目分解

任务 1　文字的雕刻

任务 2　位图、矢量图的雕刻

任务 3　零件切割

任务 1　文字的雕刻

【接受工作任务】

1. 引入工作任务

加工如图 4-1-1、图 4-1-2 所示的文字加工产品。

2. 任务目标及要求

1) 任务目标

运用雕切软件 RDCAM 进行文字的制作与编辑，调试激光雕切机参数，根据加工步骤雕切文字成品。

2) 任务要求

(1) 了解激光雕切机的工作原理与激光雕切的特点。

(2) 熟练运用激光雕切软件 RDCAM 进行文字的制作与编辑。

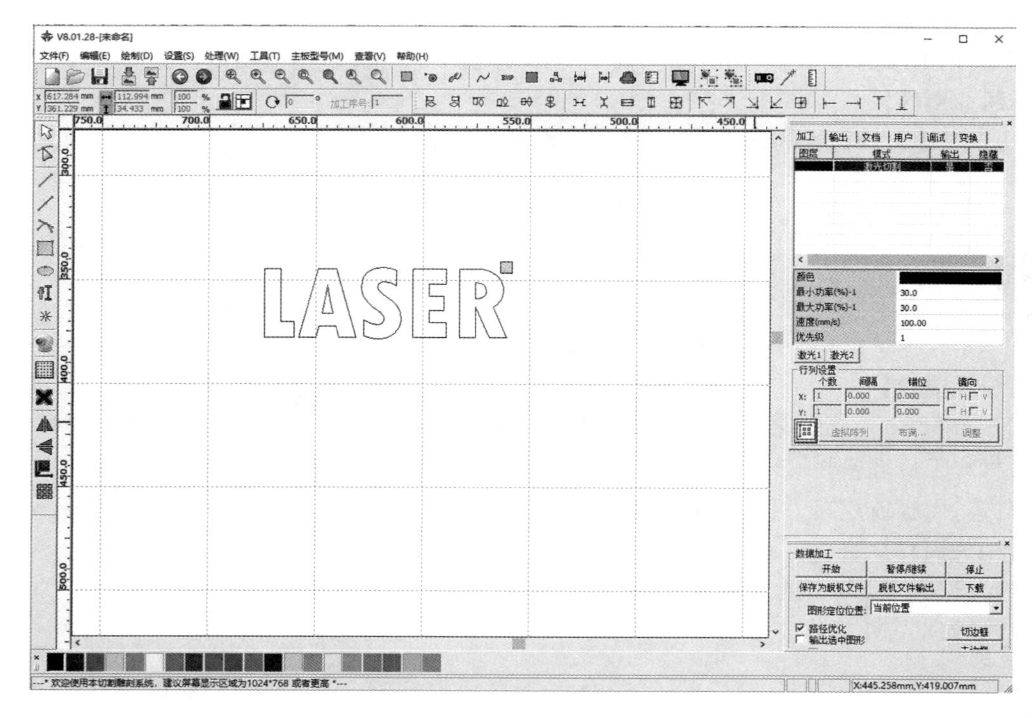

图 4-1-1　文字加工设计成品

图 4-1-2　文字雕切成品

(3) 掌握用激光雕切机雕切文字的方法和步骤。

【信息收集与分析】

1. 激光雕切原理

激光电源瞬间产生高压(约 2 万伏特),激发激光器内部的二氧化碳气体,激发的粒子流在激光管内的谐振腔产生振荡,并输出连续激光。计算机雕刻切割程序一方面控制工作台作相应运动,另一方面控制激光输出,输出的激光经反射、聚焦后,在非金属材料表面形成高密度光斑，使加工材料表面瞬间气化，然后由具有一定气压的气体吹离气化后的等离子物，形成切缝，从而实现激光雕切。

2. 激光雕切机的组成

激光雕切机的基本组成如图 4-1-3 所示。

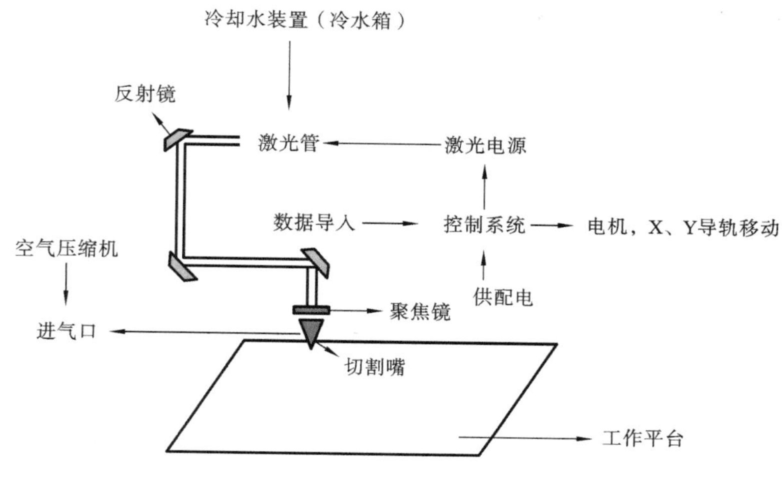

图 4-1-3　激光雕切机的基本组成

3. 激光雕切机的操作

1）设备开机

（1）接通电源，合上空气开关。

（2）接通外循环水，开启冷却系统。

（3）释放急停，打开主机。

（4）接通气泵，开启抽风排烟系统。

（5）检测 USB 数据线，开启计算机系统。

（6）检查水循环，开启激光器。

（7）打开操作软件。

2）设备关机

（1）关闭排气系统。

（2）关闭激光器。

（3）关闭软件和计算机系统。

（4）关闭气泵。

（5）关闭启动按键，按下急停。

（6）关闭冷却系统。

（7）关闭总电源。

注意事项：本设备含冷却系统，需先启动外水循环系统才可以启动激光器。

3）操作面板

操作面板如图 4-1-4 所示。

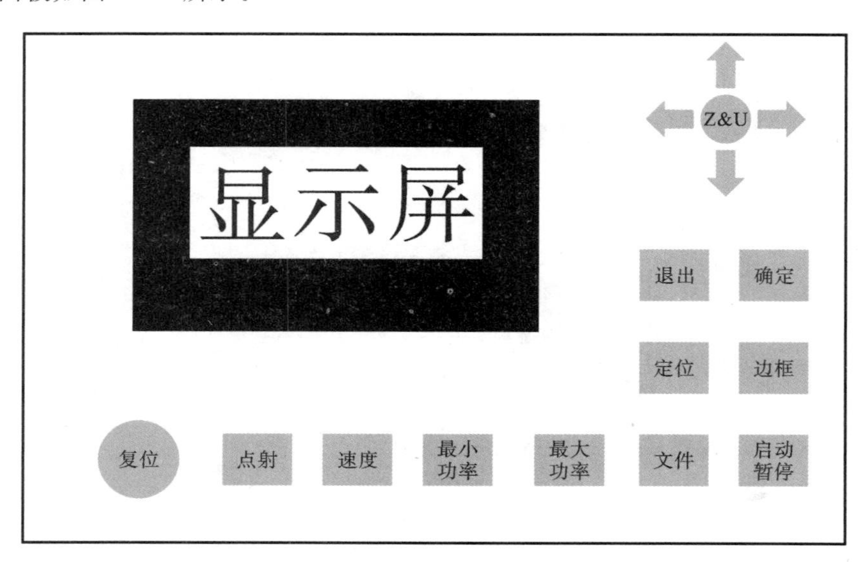

图 4-1-4 操作面板

激光雕刻机的触摸式操作面板上共有 16 个功能键，1 片液晶显示屏。16 个功能键分别为：复位、点射、速度、最小功率、最大功率、文件、启动暂停、定位、边框、退出、确定、上、下、左、右、Z&U。液晶显示屏上显示文档名或系统工作参数，如系统切割速度、工作光强以及系统工作状态（初始化、等待、工作、暂停等）。

4. 术语解释

（1）机械原点：位于工作台的右上方，裁床每次通电或复位，都要先回到此位置。

（2）切割原点：由操作人员设定的点，为裁床切割的起始位置。每次通电或复位后，激光头先回到机械原点，再运动到操作人员最新定义的切割原点。若在设备参数设置中，设置归位点为机械原点，则设备作业完毕或执行复位操作后，激光头会停留在机械原点。

（3）关于方向的定义（操作人员面向工作台定义）如下。

上：横梁远离操作人员移动的方向（也可定义为“前”方）。

下：横梁朝着操作人员移动的方向（也可定义为“后”方）。

左：操作人员左手的方向。

右：操作人员右手的方向。

5. RDCAM 软件简介

激光雕切软件 RDCAM 需要运行在中央处理器为 586 处理器及以上版本的计算机上，建议计算机内存为 1 G 以上，硬盘为 10 G 以上。软件需运行在 Windows XP 及以上版本的操作系统上，建议使用 Windows XP 系统。

【制订工作计划】

为文字的雕刻制订工作计划，如表 4-1-1 所示。

表 4-1-1　文字的雕刻工作计划

步　　骤	工 作 内 容
1	开启设备空气开关,使整机设备通电
2	接通外循环水,开启冷却系统
3	释放急停,打开主机,接通气泵,开启排烟系统
4	开启计算机系统并打开软件 RDCAM,进行文字设置、激光加工参数设置
5	检查水循环,开启激光器
6	激光对焦
7	放置材料,定位激光器
8	开始加工
9	完成文字雕刻,取下成品
10	关闭计算机系统,关闭激光雕切机,断开主电源及辅助设备电源

【任务实施】

1. 工具及材料准备

木板或亚克力板。

2. 教师操作演示

(1) 开启设备空气开关,使整机设备通电。

(2) 接通外循环水,开启冷却系统,接通气泵,开启排烟系统如图 4-1-5 所示。

(3) 释放急停,打开主机,如图 4-1-6 所示。

图 4-1-5　冷却、排烟系统

图 4-1-6　主机按钮

(4) 开启计算机系统并打开软件 RDCAM,界面如图 4-1-7 所示,进行文字设置、激光加工参数设置。

雕切软件支持在工作空间内直接输入文字,文字的字体包括系统中安装的所有字体,以及雕切软件自带的多种字体。在绘制菜单中选择“文字”命令或者点击图标即可输入文字。

选择“文字”命令后,在属性工具栏会显示文字属性。如果需要修改所输入的文字,可以

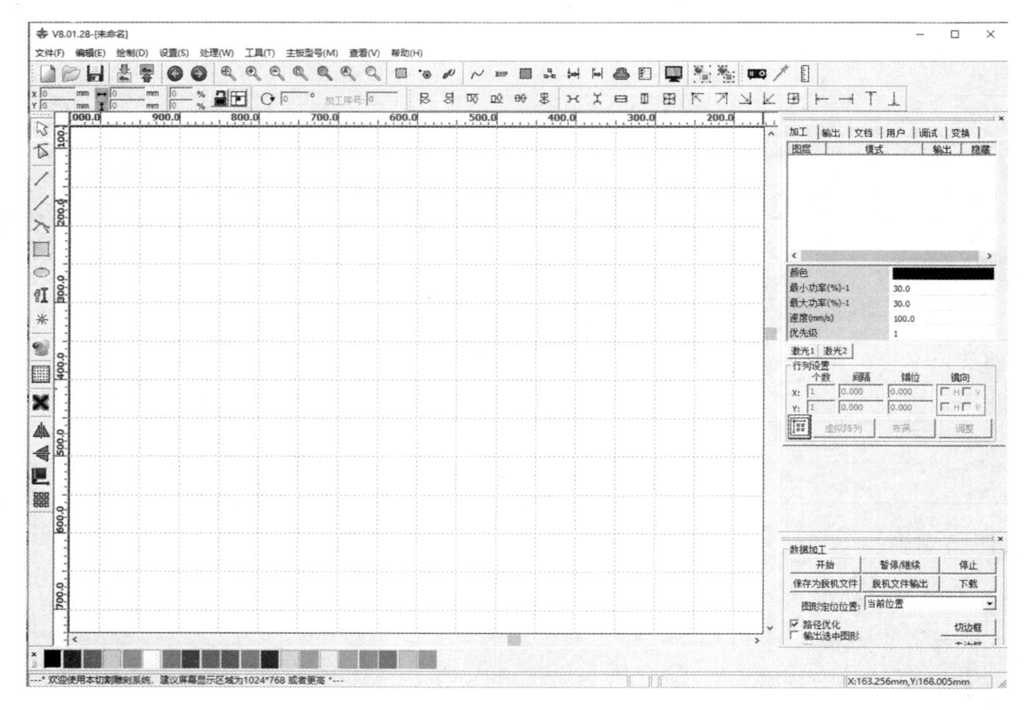

图 4-1-7 激光雕切软件 RDCAM 界面

在文本编辑框里直接修改即可。雕切软件支持两种类型的字体，在文字属性栏上方可选择字体类型，字体列表会相应列出当前类型的所有字体，选择使用字体即可，如图 4-1-8、图 4-1-9所示。亦可对文字的高度、疏密进行设置。图 4-1-8 中，高度指字体的平均高度；字宽指字体的平均宽度；字间距指字符之间的距离；行间距指两行字符之间的距离。

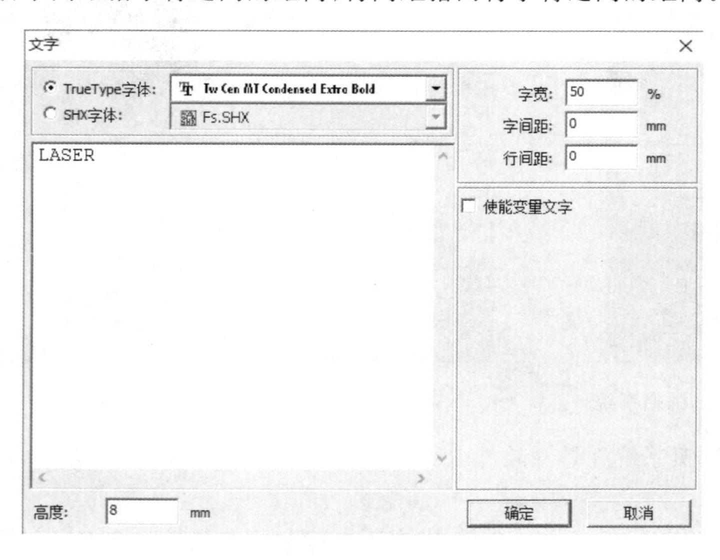

图 4-1-8 文字属性

在软件界面右侧加工栏上找到对应项目，双击项目，可调出加工参数设置对话框，如图 4-1-10 所示。

说明：一定要将“是否输出”选择为“是”，如果是雕刻文字，则“加工方式”选择“激光扫描”；如果是切割文字，“加工方式”选择“激光切割”。

（5）检查水循环，开启激光器。

（6）激光对焦。

调节激光器输出部分的四个螺钉，调节激光头，使其距物体表面 6～8 mm，缓慢调节，直至找到最佳焦点光斑，如图4-1-11所示。

图 4-1-9 字体列表

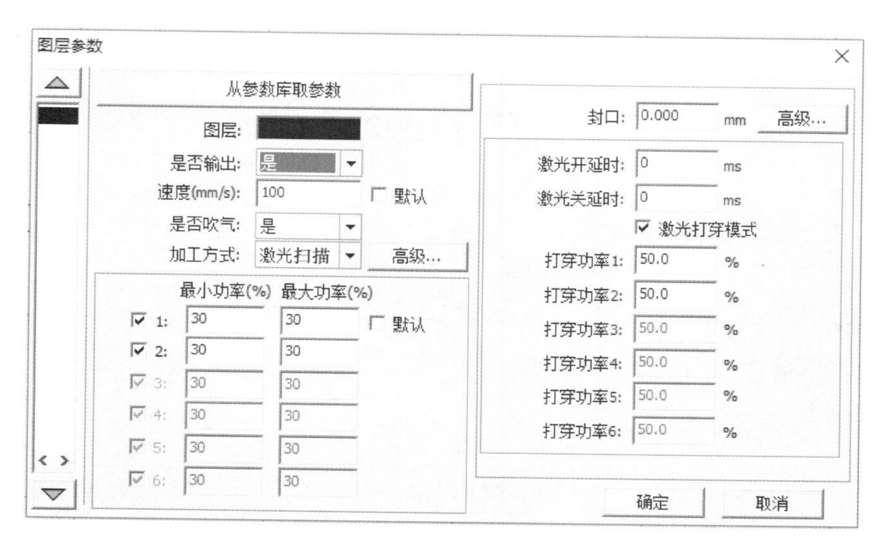

图 4-1-10 加工参数设置对话框

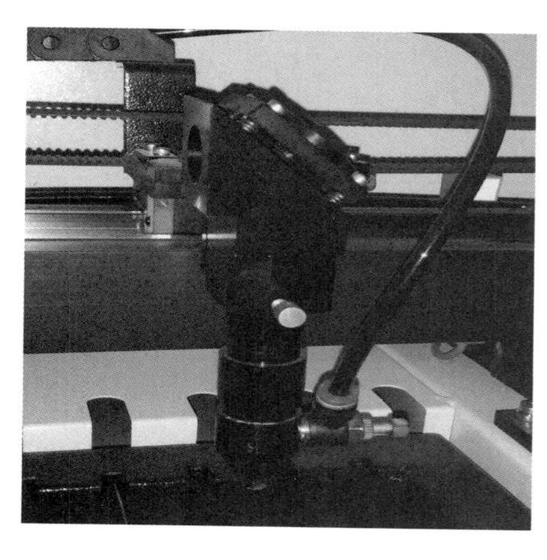

图 4-1-11 激光对焦

（7）放置材料，定位激光器。

将雕刻材料放在工作台上，移动激光头到合适的起点位置，调好焦距，按下 LCD 控制面板上的“定位”键，设置起始位置。

（8）开始加工。

确定已设置好相应的雕刻参数后，在软件界面右下角的“数据加工”栏点击“开始”按钮即可开始加工。

（9）完成文字雕刻，取下成品。

（10）关闭计算机系统，关闭激光雕切机，断开主电源及辅助设备电源。

3. 学生操作

学生在教师的指导下进行分组操作，运用激光雕切软件 RDCAM 设计文字并在木板或亚克力板上实现激光雕刻，每组设计、雕刻完成后上交作业，教师进行总结、评价。

4. 工作记录

序号	工作内容	工作记录

工作后的思考：

【检验与评估】

1. 教师考核

2. 小组评价

3. 自我评价

【知识拓展】

激光雕切机部分系统简介

1. 光学系统

光学系统主要由 CO_2 激光器、光学谐振腔、聚焦系统组成。

CO_2 激光器的基本结构如图 4-1-12 所示，放电管实物图如图 4-1-13 所示。

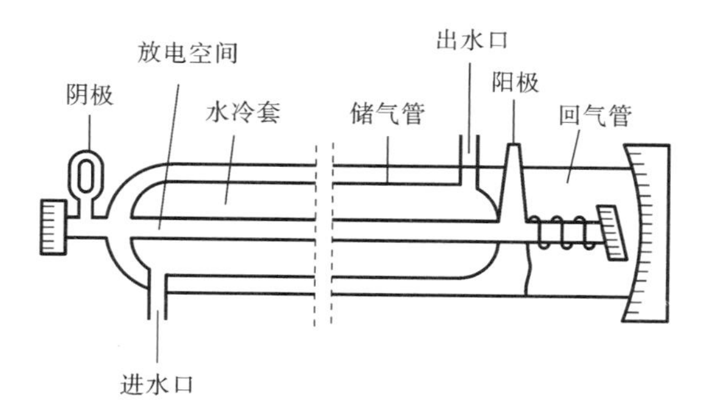

图 4-1-12 CO_2 激光器的基本结构

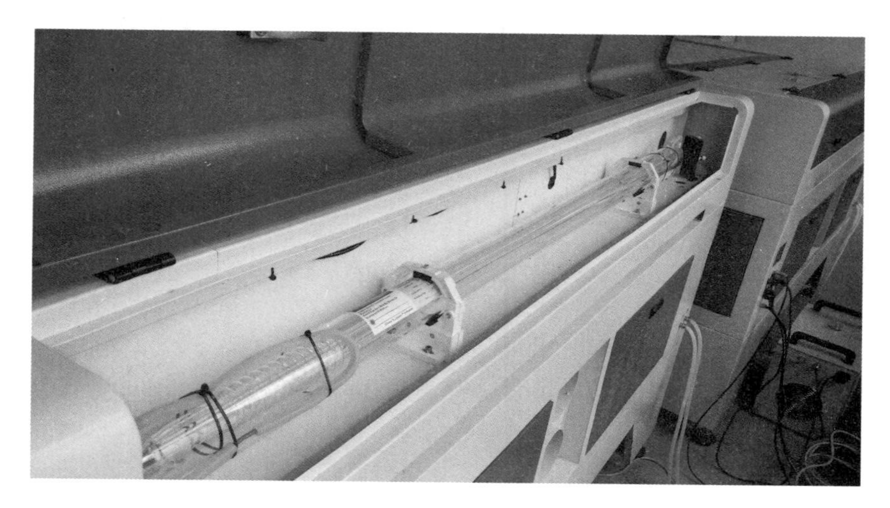

图 4-1-13 放电管

激光器中最关键的三部分为放电空间(放电管)、水冷套(管)、储气管。

光学谐振腔由全反射镜和半反射镜组成,其通常有三个作用:控制光束的传播方向,提高激光单色性;选定模式;增长激活介质的工作长度。

全反射镜片如图 4-1-14 所示。

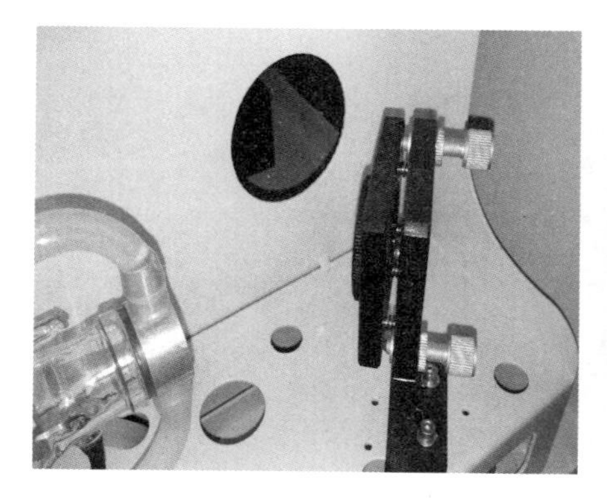

图 4-1-14 全反射镜片

对于单色光成像，像面为一平面，整个像面上的像质一致，像差小，无渐晕存在。聚焦系统利用激光束在整个工件平面内形成大小均匀的聚焦光斑，同时用与激光光束同轴的压缩气体吹走切割时熔化的材料。

2. 控制系统

控制系统如图 4-1-15 所示。

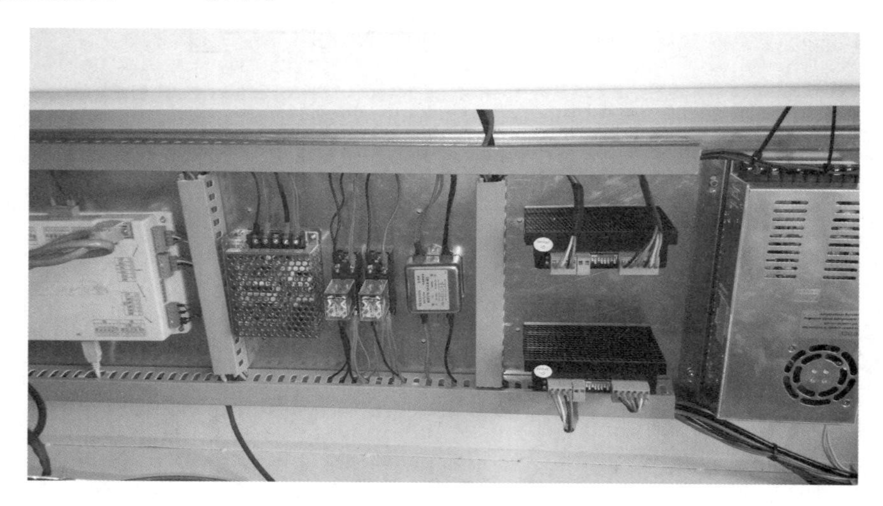

图 4-1-15　控制系统

控制系统是整个激光雕切机控制和指挥的中心，同时也是软件安装的载体，通过对系统、运动系统的协调控制完成对工件的雕切处理。CO_2 激光雕切机的控制系统主要机箱、主板、CPU、硬盘、内存条、控制卡、软驱、显示器、键盘、鼠标等。

3. 运动系统

运动系统包括步进电机及工作台两部分。

1）步进电机

步进电机是整体运动系统中的运动执行电器，其给电机发送脉冲信号，使电机按照既定的速度运转，拖动工作台进行二维运动。电机驱动器给步进电机供电并根据设定参数对其发送脉冲信号，使电机按照既定参数运转，如图 4-1-16 所示。

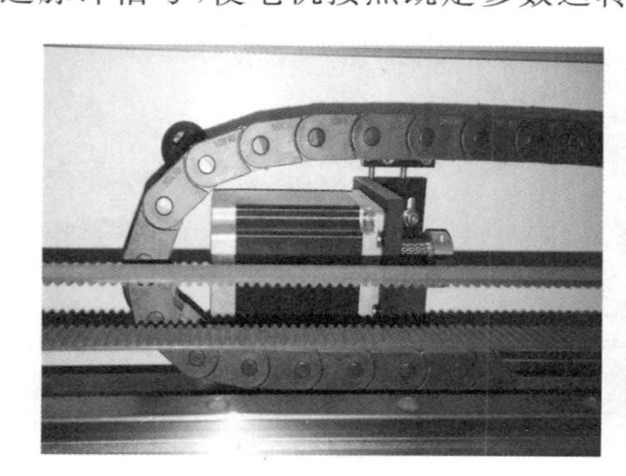

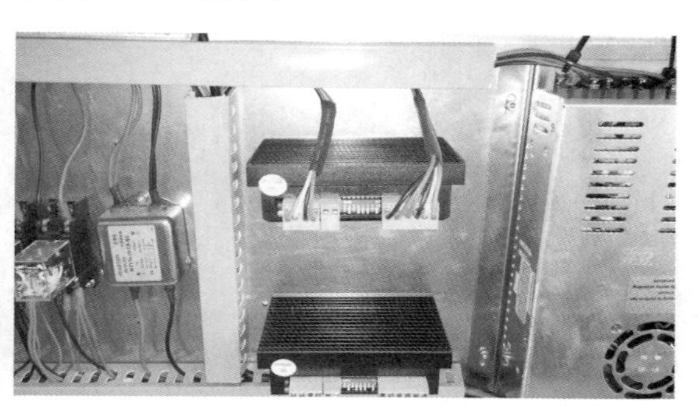

图 4-1-16　步进电机及电机驱动器

2）工作台

激光雕切机工作台包括两条主轴：X 轴和 Y 轴，它们构成笛卡儿平面坐标系的第一象限，即位于主轴上的点相对于参考点都具有非负的坐标。Y 轴采用同步双电机、双驱动，X、Y 两轴采用双直线导轨，传动平稳，运行精度高。工作台采用龙门式结构，横梁采用轻型铝结构设计，该结构具有刚性好、自重轻、运动惯性小等特点。工作台如图 4-1-17 所示。

图 4-1-17　工作台

4. 电源系统

电源系统如图 4-1-18 所示。

图 4-1-18　电源系统

封离式 CO_2 激光器放电电流较小，采用冷电极，阴极采用钼片，工作电流为 30～40 mA，阴极圆筒的面积为 500 cm^2，为了不污染镜片，在阴极与镜片之间加一光阑。泵浦采用连续直流电源激发。市内的交流电压经变压器提升，经高压整流及高压滤波变为高压电加在激光管上。

激光电源的高压（HV＋）与二氧化碳激光管的阳极（全反射端）相连，激光电源的电流回路通过一个直流电流表（或直接）与二氧化碳激光管的阴极（激光输出端）相连。控制信号线可分别接激光电源的控制端。将外部计算机输出的 DAC 信号及 TTL 信号按要求输入激光电源，即可控制激光管按要求输出激光。激光电源有一组保护开关（PROTECT），可串联水保护、打开外壳时的保护等。高压指示灯的亮、灭可反映高压部分是否工作,从而供使用者辨别是电源损坏,还是激光管损坏。

5. 冷却系统

冷却系统如图 4-1-19 所示,用于冷却激光器。激光器是将电能转换成光能的装置,CO_2 激光器的转换率一般为 20%,剩余的能量都变成了热量,用冷却水把多余的热量带走以保持激光器的正常工作。冷水机组还可对机床外光路反射镜和聚焦镜进行冷却,以保证稳定的光束传输质量,并有效防止镜片由于温度过高而变形或炸裂。

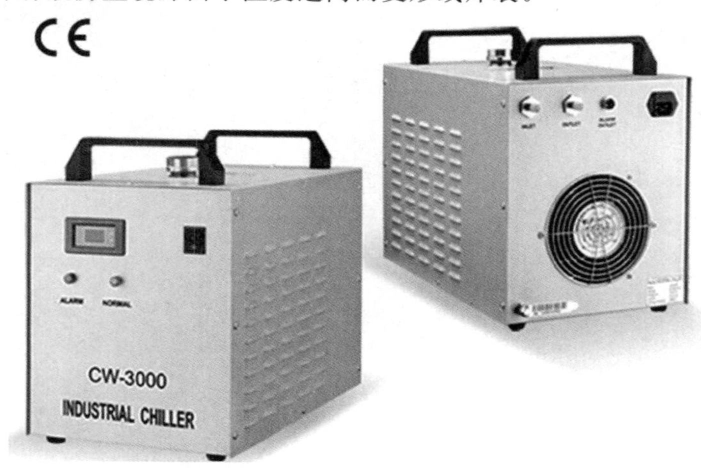

图 4-1-19 冷却系统

6. 辅助系统

辅助系统如图 4-1-20 所示。辅助系统主要由吹气系统和排气系统构成,吹气系统将雕切机加工时产生的残渣吹离工件,保证产生良好的切割断面的同时也防止了透镜的污染。排气系统用于抽出加工时产生的烟尘和粉尘,并对气体进行过滤处理,使废气排放符合环境保护标准,保证良好的工作环境。

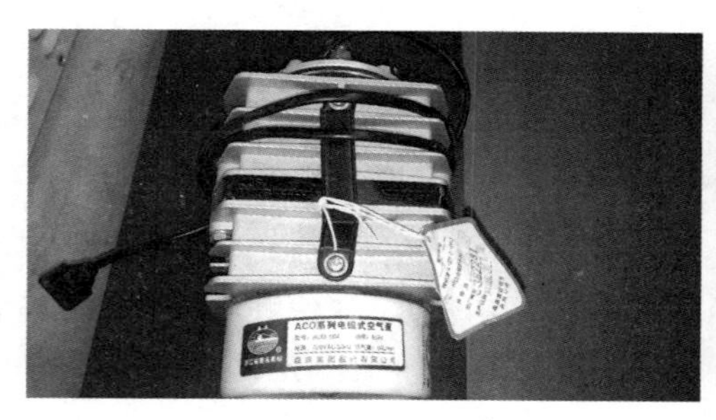

图 4-1-20 辅助系统

【思考与练习】

(1) 文字雕刻所用的材料是什么?

(2) 简述文字雕刻的操作步骤和应注意的事项。

(3) 尝试制作如图 4-1-21 所示的竹筒。

图 4-1-21　竹简

任务 2　位图、矢量图的雕刻

【接受工作任务】

1. 引入工作任务

在皮革材料上雕刻图片，图片的设计如图 4-2-1 所示，雕刻成品如图 4-2-2 所示。此任务需要学生掌握用激光雕切机制作图片的操作步骤，以及会熟练运用雕切软件 RDCAM 进行图片的制作与编辑。

2. 任务目标及要求

1）任务目标

运用雕切软件 RDCAM 进行图片的制作与编辑，调试激光雕切机参数，根据加工步骤雕切皮革图片。

2）任务要求

（1）了解激光雕切机的工作原理与激光雕切的特点。

（2）熟练运用激光雕切软件 RDCAM 进行图片的制作与编辑。

（3）掌握用激光雕切机雕刻图片的方法和步骤。

【信息收集与分析】

位图图像（BMP），亦称为点阵图像或绘制图像，是由称作像素（图片元素）的单个点组成的。这些点可以进行不同的排列和染色以构成图样。当放大位图时，可以看见赖以构成整个图像的无数单个方块。扩大位图尺寸的效果是增大单个像素，从而使线条和形状显得参差不齐。然而，如果从稍远的位置看它，位图图像的颜色和形状又显得是连续的。常用的位图处理软件是 Photoshop。

图 4-2-1 图片设计

图 4-2-2 雕刻成品

矢量图是根据几何特性来绘制的图形，其利用线段和曲线描述图像，矢量图只能靠软件生成，由于矢量图表现的图像颜色比较单一，因此其所占用的空间会很小。矢量图与分辨率无关，将它缩放为任意大小和以任意分辨率在输出设备上打印出来，都不会影响其清晰度。矢量图的格式有很多种，如 Adobe Illustrator 的 ai、eps 和 svg、AutoCAD 的 dwg 和 dxf、corel draw 的 cdr 等。

激光雕切软件 RDCAM 支持的文件格式如下。

（1）矢量格式：dxf、ai、plt、dst、dsb 等。

（2）位图格式：bmp、jpg、gif、png、mng 等。

雕刻速度、激光器输出功率、焦点位置等是影响激光雕刻的加工参数。

雕刻速度影响光束与材料的作用时间，在一定的激光器输出功率下，过低的速度会导致热量的过量输入从而使金属材料激光作用区产生锈蚀、非金属材料产生熔化甚至碳化、脆性材料开裂，较低的速度可以产生较大的雕刻深度。

激光器输出功率和雕刻速度一定时，应使工件标记表面位于焦深范围内，此时激光功率密度最高，激光雕刻效果最好。

在焦点位置不变的情况下，激光器输出功率和雕刻速度共同决定雕刻时的加工效果。激光器输出功率越大，产生的雕刻深度越大。

影响激光雕刻的材料因素主要有材料表面反射率、材料表面状态、材料的物理化学特性、材料种类。材料表面反射率、材料表面状态影响材料对激光能量的吸收，材料的理化特性（如材料的熔点、沸点、比热容、热导率等）影响激光与材料相互作用时的理化过程。

激光雕切机的主要加工材料为皮革、亚克力板或木板等非金属材料，在焦点位置不变的情况下，不同的材料应采用不同的激光器输出功率和雕刻速度。

【制订工作计划】

为位图、矢量图的雕刻制订工作计划，如表 4-2-1 所示。

表 4-2-1　位图、矢量图的雕刻工作计划

步　骤	工作内容
1	开启设备空气开关，使整机设备通电
2	接通外循环水，开启冷却系统
3	释放急停，打开主机，接通气泵，开启排烟系统
4	开启计算机系统并打开软件 RDCAM，对图片进行处理，设置激光加工参数
5	检查水循环，开启激光器
6	激光对焦
7	放置材料，定位激光器
8	开始加工
9	完成皮革图片的雕刻，取下成品装裱
10	关闭计算机系统，关闭激光雕切机，断开主电源及辅助设备电源

【任务实施】

1. 工具及材料准备

皮革。

2. 教师操作演示

首先准备图形。

位图：用手机拍照或从网络上下载相应位图文件，文件格式为 jpg、bmp 等。

矢量图形：使用 CDR、AI、CAD 等软件进行绘制，绘制完成后使用导出命令输出文件，输出文件格式为 plt、ai、dxf 等。

准备的图形如图 4-2-3 所示。

图 4-2-3　位图、矢量图文件

下面以位图文件的加工为例进行讲解。

(1) 开启设备空气开关，使整机设备通电。

(2) 接通外循环水，开启冷却系统，接通气泵，开启排烟系统。

(3) 释放急停，打开主机。

(4) 开启计算机系统并打开软件 RDCAM，对图片进行处理，设置激光加工参数。

通过“文件”→“导入”命令或工具栏上的图标导入位图(或矢量图)文件，如图 4-2-4 所示。

图 4-2-4　导入图片

软件自动处理图片文件，效果如图 4-2-5 所示。

因为要将图片放入相框，所以要设置图片尺寸为 125 mm×170 mm。选择要做处理的位

图 4-2-5　导入图片效果

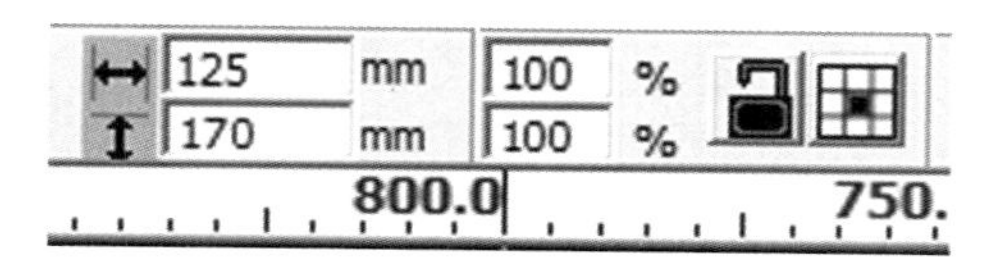

图 4-2-6　更改尺寸

图,在工具栏进行更改,如图 4-2-6 所示。

注意:更改尺寸时,要将后面的锁定按钮打开,否则图片会按比例缩放,无法达到预期要求;如果图片在更改后失真严重,则需在 Photoshop 等软件中调整图片尺寸。调整完成后,将图片尺寸锁定。

选择要做处理的位图,右击,选择“工具”→“位图处理”,或直接点击工具栏上的图标 BMP 进行图片处理,结果如图 4-2-7 所示。

图 4-2-7　图片处理结果

参考图 4-2-7 设置参数，建议范围：亮度为－10%～10%，对比度为 0～18%。

点击“处理”→“散点图”，系统自动设置散点分布，点击“应用到预览”查看效果，如效果合适，点击“确定”。

在软件界面右侧加工栏上找到对应项目。

双击项目，可调出加工参数设置对话框，如图 4-2-8 所示。

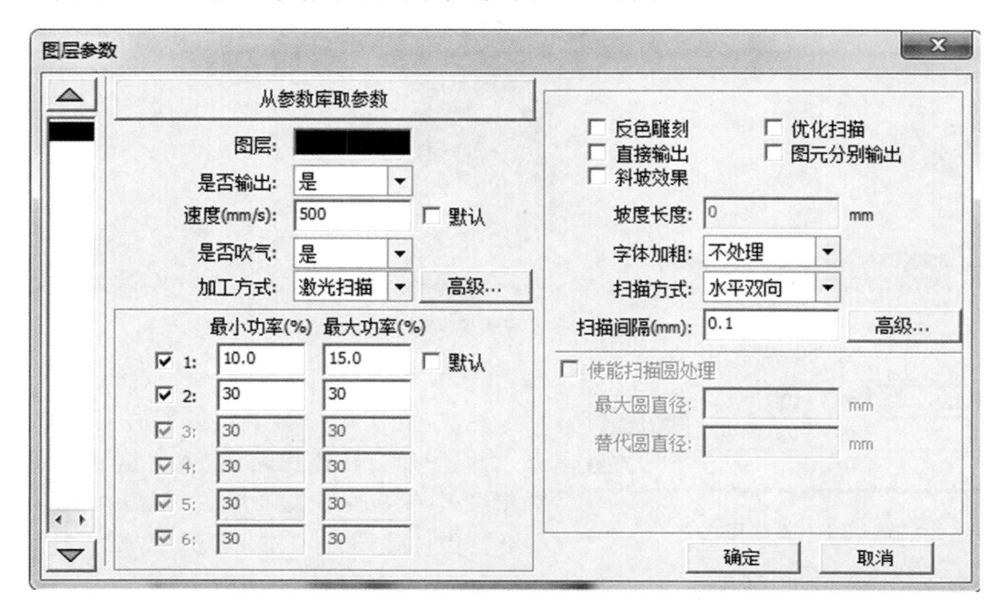

图 4-2-8 加工参数设置对话框

说明：一定要将“是否输出”选择为“是”，“加工方式”选择“激光扫描”，“最小功率”设为 10.0%，“最大功率”设为 15.0%。

(5) 检查水循环，开启激光器。

(6) 激光对焦。

(7) 放置材料，定位激光器。

将雕刻材料放在工作台上，移动激光头到合适的起点位置，调好焦距，按下 LCD 控制面板上的“定位”键，设置起始位置。

(8) 开始加工。

确定已设置好相应的雕刻参数后，可开始加工。

(9) 完成皮革图片的雕刻，取下成品装裱。

雕刻完成后，不要移动雕刻材料，在软件界面右下角的“数据加工”栏点击“切边框”按钮即可沿图片边界进行切割。完成后，取出材料装入相框即可。

(10) 关闭计算机系统，关闭激光雕切机，断开主电源及辅助设备电源。

3. 学生操作

学生在教师的指导下进行分组操作，运用激光雕切软件 RDCAM 设计图片并在皮革上实现激光雕刻，每组设计、雕刻完成后上交作业，教师进行总结、评价。

4. 工作记录

序号	工作内容	工作记录

工作后的思考：

【检验与评估】

1. 教师考核

2. 小组评价

3. 自我评价

【知识拓展】

图形处理

1. 位图处理

可在第三方软件中处理位图，也可在雕刻软件内处理。这里主要介绍在雕切软件中处理。

选择要做处理的位图，点击“处理”→“位图处理”，出现如图 4-2-9 所示界面。

图 4-2-9 位图处理界面

界面右上方显示的是图片信息。

需要说明的是,水平分辨率和垂直分辨率在对图形进行拖动、缩放的时候是变化的。

“应用到预览”:当前的设置只用于预览,而不影响原图,点击“取消”后,图片仍然可以回到原图的状态。该功能主要是在调节效果时使用,但这种方式需要的处理时间较长、占用的内存空间较多。

“应用到源图”:将当前设置直接作用到原始图片上,即使最终点击“取消”,图片也将无法恢复为原始图片。该功能主要在需要多步操作,且当前这一步操作是必须要做的时使用(如将图片转化为灰度图),这样做可以节约后续操作的运算时间。

“另存图片”:保留前次操作的结果,除了可以用“应用到源图”按钮进行保存,还可以将图片导出,以便于后续在此基础上进行处理。

一般情况下都是在灰度图的基础上进行其他的图片处理,即在进行图片处理前可以先选择进行灰度图处理,然后点击“应用到源图”。灰度图较彩色图占用的内存较小,对于较大的位图进行分步处理,可在一定程度上避免内存不足的情况。

对于彩色图,可先调节其对比度和亮度,这对后续的二值化处理有一定的辅助效果。

调节对比度的效果如图 4-2-10 所示。

反色调整的效果如图 4-2-11 所示。

锐化调整的效果如图 4-2-12 所示(本书为黑白印刷,看不出明显区别,读者可自行上机实践并进行观察)。

二值化处理有三种方式,即网点图、散点图、黑白图。

（a）处理前

（b）处理后

图 4-2-10　对比度调整

（a）处理前

（b）处理后

图 4-2-11　反色调整

1）网点图

网点图比较适合于被加工材料分辨率不高或激光器响应相对较慢的场合。挂网需要调节的参数有图片的分辨率和挂网频率。分辨率越高，图形越细腻；挂网频率越高，网点越小。一般选择分辨率为 500～1000 ppi，挂网频率为 30～40 线。效果对比如图 4-2-13 所示。

2）散点图

散点图的灰度表现较好，适用于被加工材料分辨率较高或激光器响应较快的场合，效果对比如图 4-2-14 所示。

3）黑白图

在大多数情况下，直接将彩色图转变为黑白图的效果较差，但对于某些色彩轮廓较清晰

(a) 处理前

(b) 处理后

图 4-2-12 锐化调整

(a) 处理前

(b) 处理后

图 4-2-13 网点图效果对比

的场合，使用黑白图很方便，效果对比如图 4-2-15 所示。

另外，还可以直接提取图形的轮廓。点击“提取轮廓”按钮，即可提取出图形的轮廓曲线，如图 4-2-16 所示。

2. 矢量图处理

将绘制完成的矢量图导入雕刻软件。选中图形，可调整其至合适大小。

1) 曲线平滑

对于某些自身曲线精度较差的图形，可使用“曲线平滑”命令将图形线条变平滑，以使加工更顺畅。点击“处理”→“曲线平滑”，出现如图 4-2-17 所示的对话框。

拖动平滑度按钮，然后点击“应用”按钮，界面将会显示平滑前与平滑后的曲线，如图 4-2-18 所示，以方便使用者进行对比。

（a）处理前　　（b）处理后

图 4-2-14　散点图效果对比

（a）处理前　　（b）处理后

图 4-2-15　黑白图效果对比

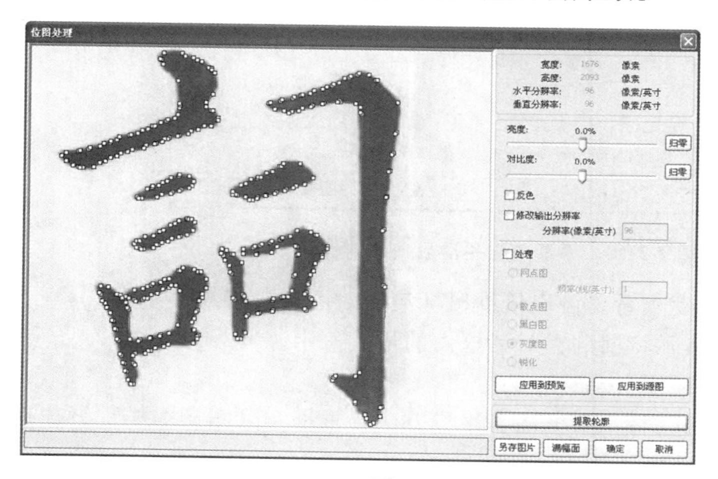

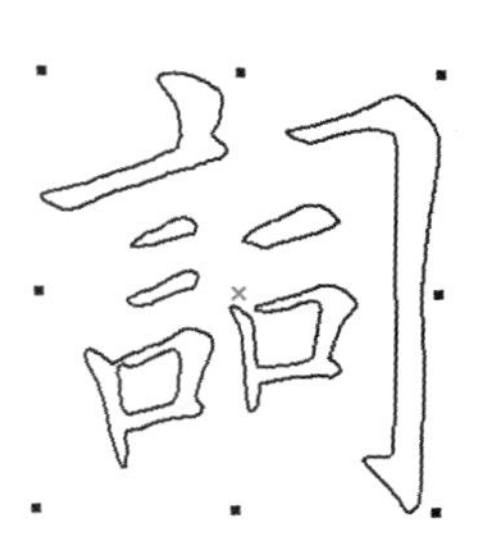

图 4-2-16　提取轮廓效果

图 4-2-17 曲线平滑对话框

其中,黑色的曲线为原始曲线,红色的曲线为平滑后的曲线。

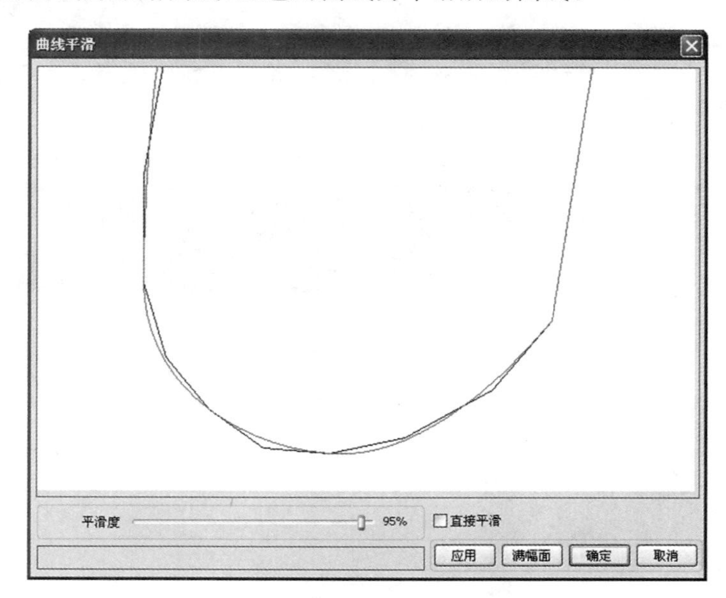

图 4-2-18 平滑前与平滑后曲线对比

可以用鼠标对图形进行拖动查看。可以借助鼠标滚轮对图形进行缩放查看。

点击"满幅面"按钮,图形显示将回到在对话框内的最大显示。

对平滑效果满意后,点击"应用"按钮即可。

选择"直接平滑",可使用另一种平滑方法。平滑方法要根据实际图形需要进行选择。

2) 曲线闭合检查

矢量图在进行雕刻、扫描时,图形内部会进行线条填充,如果图形未闭合,将导致图形填充出错。通常可使用闭合检查工具进行处理。

点击“处理”→“曲线自动闭合”，出现如图 4-2-19 所示的设置窗口。

“闭合容差”：当曲线起点和终点的距离小于闭合容差时，自动闭合该曲线。

“强制闭合”：强制闭合所有被选择的曲线。

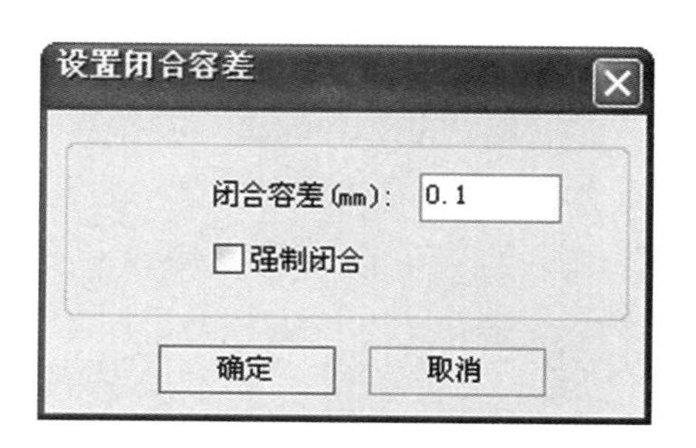

图 4-2-19　曲线闭合

3）删除重线

矢量图在进行雕刻、扫描时，如果有重复线条出现，设备会对相应线条进行重复处理，导致加工图形工艺效果不理想。通常可使用删除重线工具进行处理。

点击“处理”→“删除重线”，出现如图 4-2-20 所示的对话框。

一般情况下不勾选“使能重叠容差”，必须当两直线重合度较好时，才将重叠线删除。如果需要将一定误差范围内的重叠线都删除，则可勾选“使能重叠容差”，并设置重叠容差。一般不要将重叠容差设置得过大，以免造成误删。

4）合并相连线

点击“处理”→“合并相连线”，出现如图 4-2-21 所示的对话框。

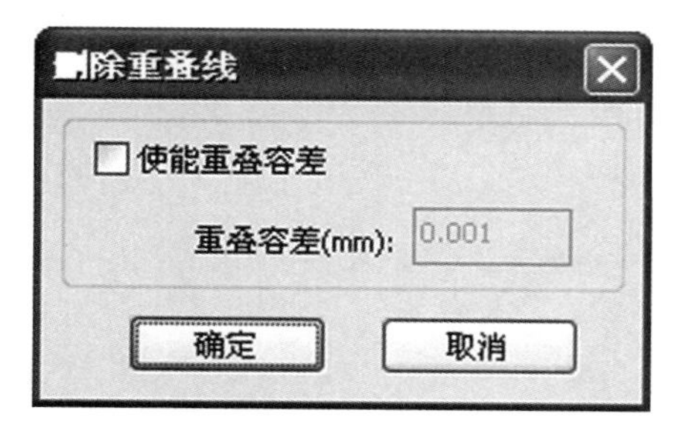

图 4-2-20　删除重线

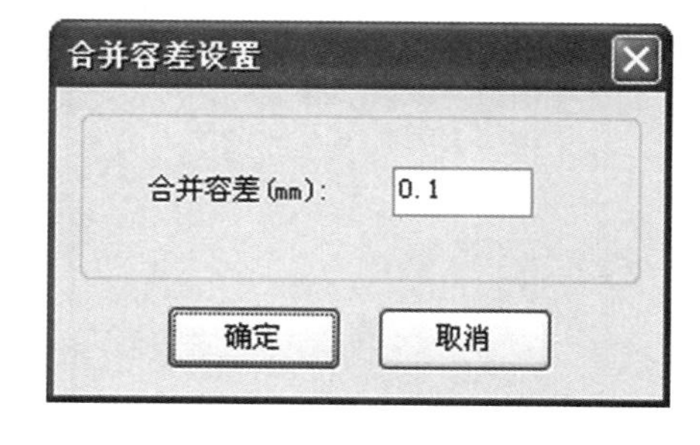

图 4-2-21　合并相连线

软件自动根据合并容差进行处理，即将被选择的曲线中，连接误差小于合并容差的曲线连成一条曲线。

【思考与练习】

（1）简述位图与矢量图的基本区别。

（2）参考实例加工矢量图。

任务 3　零件切割

【接受工作任务】

1. 引入工作任务

在木质材料上切割零件，零件设计如图 4-3-1 所示，切割成品如图 4-3-2 所示。

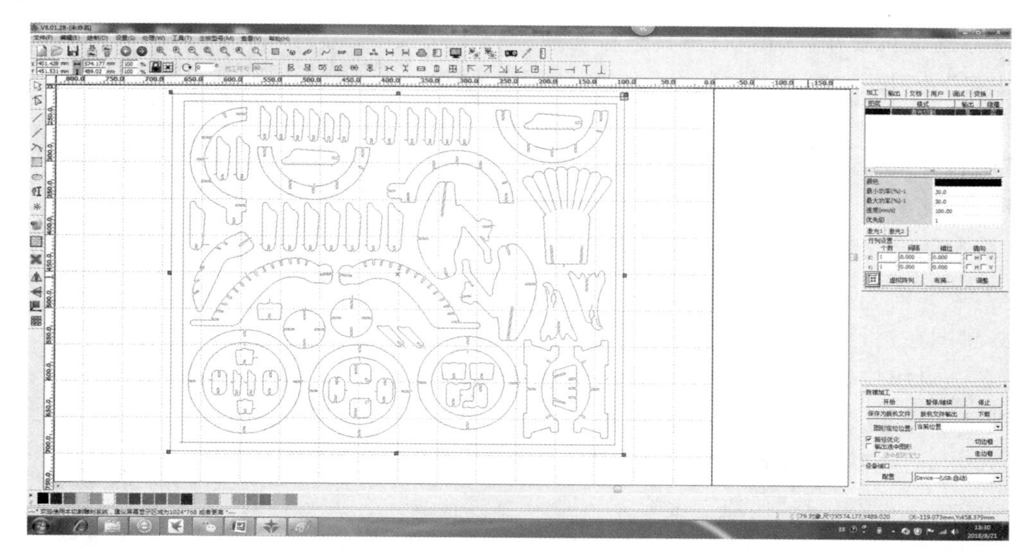

图 4-3-1 零件设计

图 4-3-2 零件切割成品

2. 任务目标及要求

1）任务目标

运用雕切软件 RDCAM 进行零件的切割操作，调试激光雕切机加工参数，根据加工步骤切割零件成品。

2）任务要求

(1) 了解雕切软件 RDCAM 关于矢量零件图的操作。

(2) 熟练运用激光雕切软件 RDCAM 进行零件的编辑与设置。

(3) 掌握用激光雕切机切割零件的方法和步骤。

【信息收集与分析】

激光雕切软件 RDCAM 的对齐操作步骤如下。

选中多个对象后，右击并选择对齐工具(见图 4-3-3)即可对被选对象进行多种排版操作，也可使用工具条上的工具 进行对齐操作。

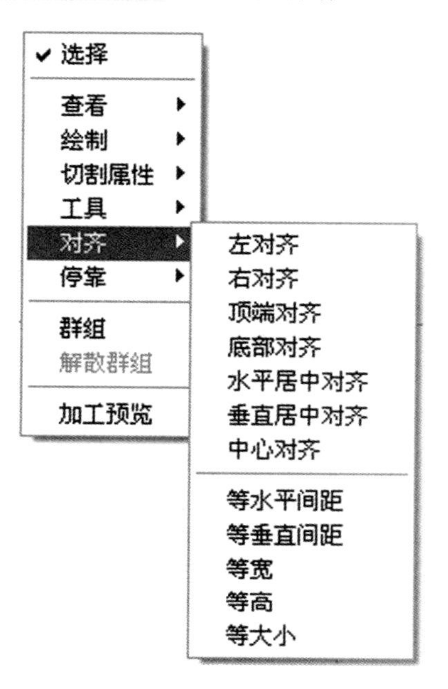

图 4-3-3　对齐操作

对齐的基准对象：对于按 Shift 键依次对单个对象进行复选来说，以最后选择的一个对象为基准；对于框选，以曲线号排在最后的对象为基准。

【制订工作计划】

为零件切割制订工作计划，如表 4-3-1 所示。

表 4-3-1　零件切割工作计划

步　骤	工 作 内 容
1	开启设备空气开关，使整机设备通电
2	接通外循环水，开启冷却系统
3	释放急停，打开主机，接通气泵，开启排烟系统
4	开启计算机系统并打开软件 RDCAM，对图片进行处理，设置激光加工参数
5	检查水循环，开启激光器
6	激光对焦
7	预览、检查
8	放置材料，定位激光器
9	开始加工
10	完成零件的切割，组装成品
11	关闭计算机系统，关闭激光雕切机，断开主电源及辅助设备电源

【任务实施】

1. 工具及材料准备

木质材料。

2. 教师操作演示

首先使用 AutoCAD 进行加工零件的设计，绘制完成后使用“导出”命令输出 dxf 文件。具体零件切割步骤如下。

(1) 开启设备空气开关，使整机设备通电。

(2) 接通外循环水，开启冷却系统，接通气泵，开启排烟系统。

(3) 释放急停，打开主机。

(4) 开启计算机系统并打开软件 RDCAM，对图片进行处理，设置激光加工参数。

通过“文件”→“导入”命令或工具栏上的图标导入矢量图文件，如图 4-3-4 所示。

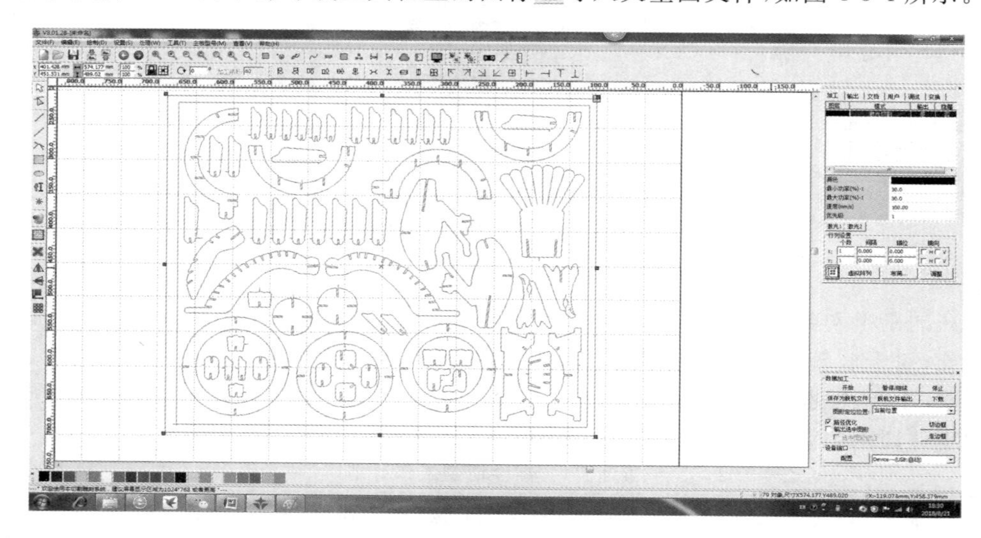

图 4-3-4 导入矢量图文件

更换图层：绘制一个矩形，其大小为零件加工板材尺寸，将其作为加工边界，如图 4-3-5 所示。利用对齐命令将矩形与 dxf 文件进行上对齐与右对齐。

选择所有的加工对象，在软件界面右侧加工栏上找到对应项目，双击项目，可调出加工参数设置对话框，如图 4-3-6 所示。

说明：对于 dxf 文件的加工，一定要将“是否输出”选择为“是”，“加工方式”选择“激光切割”，“速度”为 100 mm/s，“最小功率”与“最大功率”为 80%。对于绘制的矩形边框，其仅作为边界使用，所以其对应的“是否输出”应选择为“否”。

(5) 检查水循环，开启激光器。

(6) 激光对焦。

调节激光器输出部分的四个螺钉，调节激光头，使其距物体表面 6 mm 左右，缓慢调节，直到找到焦点光斑。

(7) 预览、检查。

图 4-3-5　设置加工边界

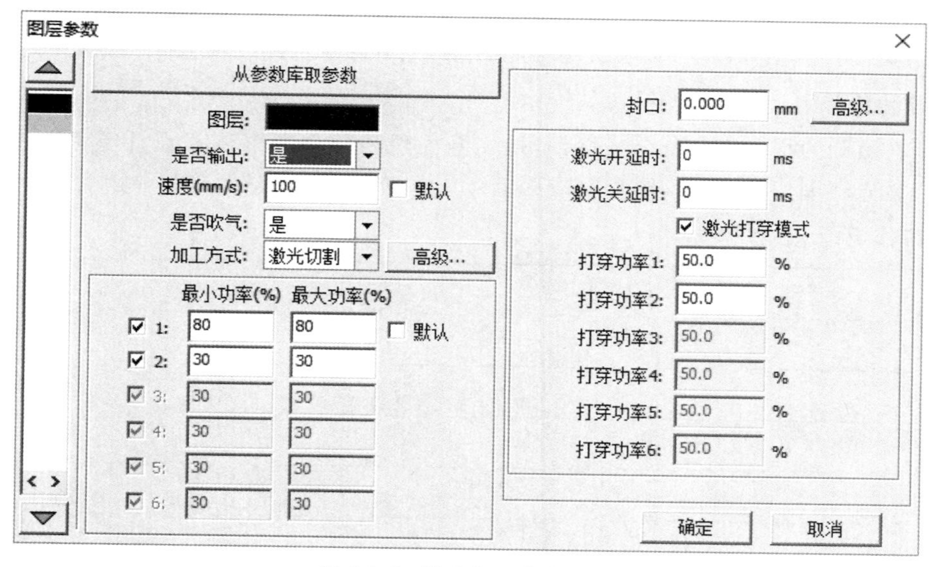

图 4-3-6　激光加工参数设置

完成相应处理后，为防止出错，可以点击工具条上的图标进行加工预览、检查，如图4-3-7所示。

(8) 放置材料，定位激光器。

将雕刻材料放在工作台上，移动激光头到加工材料的右上角(以此为起点位置)，按下LCD控制面板上的“定位”键，设置起始位置。

(9) 开始加工。

检查加工参数，确定无误后，在软件界面右下角的“数据加工”栏点击“开始”按钮即可开始加工。

(10) 完成零件的切割，组装成品。

图 4-3-7 加工预览

(11) 关闭计算机系统,关闭激光雕切机,断开主电源及辅助设备电源。

3. 学生操作

学生在教师的指导下进行分组操作,运用激光雕切软件 RDCAM 设计零件并在木质材料上进行激光雕刻,每组设计、雕刻完成后上交作业,教师进行总结、评价。

4. 工作记录

序号	工 作 内 容	工 作 记 录

工作后的思考:

【检验与评估】

1. 教师考核

____

____

____

2. 小组评价

____

____

____

3. 自我评价

____

____

____

【知识拓展】

CO_2 激光雕切加工工艺

1）加工参数设置

通过 RDCAM 软件可实现对激光数控机床的有效控制，并可根据不同的设计要求完成加工任务。将待加工文件或图片导入雕切系统后，应按照如下流程进行操作。

（1）对待加工文件或图片进行二次编辑与修饰，主要包括图像重线删减、检查扫描图形是否封闭、按照不同的加工工艺对图像进行图层设定。

图层设定方法如下。

在图层工具栏中挑选任意颜色，并单击工具按钮来改变被选取对象的颜色（处于按下状态的颜色按钮即为当前图层颜色，不同颜色代表不同图层），对象的颜色仅为对象轮廓的颜色。图层参数显示如图 4-3-8 所示。

图层参数

图层	模式	速度	功率	输出
	激光切割	100.000	30.000	Yes
	激光切割	100.000	30.000	Yes
	激光切割	100.000	30.000	Yes
	激光切割	100.000	30.000	Yes
	激光切割	100.000	30.000	Yes

图 4-3-8　图层参数显示

备注：可按图层颜色选取对象。右击要选取的图层，则与其图层颜色一致的所有对象将全部被选取。

（2）进行工艺参数设定。

在图 4-3-8 所示的图层列表中双击要编辑的图层，按照加工工艺对图层进行工艺参数设定，如图 4-3-9 所示。

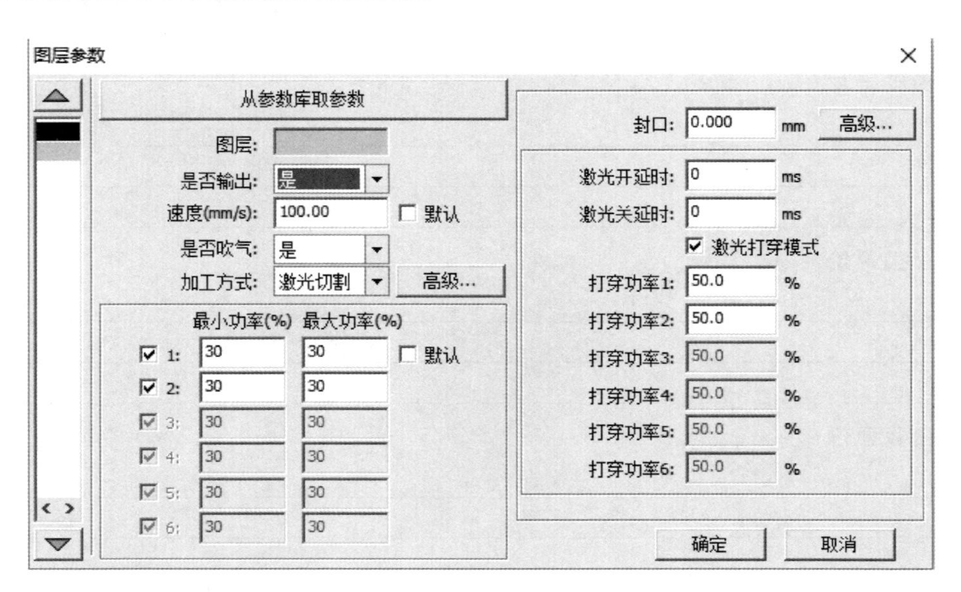

图 4-3-9 工艺参数设定

① 当前图层若需加工，则在“是否输出”中选择“是”，反之，则选择“否”。

② 加工方式选择：包括激光切割和激光扫描。

③ 速度与功率选择：对于不同材料与加工方式，该参数均不一样。常用激光雕切材料的加工参数见表 4-3-2、表 4-3-3。注意，表中参数只可在进行第一次参数调试时作测试使用(不能直接使用)，若调试时发现参数选择不当，须根据不同设备及材料，做出相应修改。

表 4-3-2 切割设置参考参数

激光头类型：标准激光头(2″)				
材　　料	厚度/mm	速度/(mm/s)	最大功率/(%)	拐角功率/(%)
密度板	2.5	25	60	60
亚克力	5.0	10	60	60
亚克力	10.0	3	60	60
亚克力	20.0	0.8	80	80
硬泡沫	17.0	10	60	60
胶合板	2.0	160	60	60
胶合板	4.5	30	60	60
卡板	6.0	60	60	60
无尘布	1.0	300	33	33
皮革	1.5	50	60	60
橡胶	4.5	6	60	60
双色板	1.5	40	60	60

续表

激光头类型:标准激光头(2″)				
材　料	厚度/mm	速度/(mm/s)	最大功率/(%)	拐角功率/(%)
竹子	7.0	9	60	60
A4 纸	0.2	300	60	60
牛皮纸	1.0	300	20	20
塑料	/	/	/	/
跆拳道木	7.0	10	60	60
花岗岩	/	/	/	/
大理石	/	/	/	/
陶瓷杯	/	/	/	/
人造石	/	/	/	/
阳极电镀铝	/	/	/	/
砂纸	/	/	/	/

表 4-3-3　雕刻设置参考参数

激光头类型:标准激光头(2″)					
材料	厚度/mm	速度/(mm/s)	最大功率/(%)	最小功率/(%)	扫描间隙/s
密度板	/	500	20	/	0.08
亚克力	/	500	15	/	0.08
竹子	/	500	20	/	0.08
胶合板	/	500	13	/	0.08
卡板	/	500	15	/	0.08
A4 纸	/	500	13	/	0.08
涂层铝	/	500	25	/	0.08
樱木	/	500	15	/	0.08
阳极电镀铝	/	500	20	/	0.08
塑料	/	500	18	/	0.08
玻璃	/	500	15	/	0.08
牛皮纸	/	500	18	/	0.08
皮革	/	500	15	/	0.08
布料	/	500	13	/	0.08
橡胶	/	500	30	15	0.06

续表

激光头类型:标准激光头(2″)					
材料	厚度/mm	速度/(mm/s)	最大功率/(%)	最小功率/(%)	扫描间隙/s
金属	/	/	/	/	/
双色板	/	500	15	/	0.08
花岗岩	/	500	15	/	0.08
大理石	/	500	40	/	0.08
陶瓷杯	/	500	22	/	0.08
人造石	/	500	25	/	0.08
砂纸	/	500	18	/	0.08
硬泡沫	/	/	/	/	/

④ 加工时必须吹气。

⑤ 在“编辑”菜单中,选择“加工预览”,对待加工图像的切割顺序以及方式进行观察。

⑥ 各项参数调试完毕且无误后,开始加工。

2) 工艺要点及注意事项

(1) 正式加工前,必须启用“走边框”模式,来准确掌握待加工产品的大小,以避免超出材料边界以及设备边界。

(2) 检查气泵、冷却系统(确认恒温水箱是否打开,水管是否弯折以及泄露)、排气系统是否开启。

(3) 检查激光头是否聚焦,其距离待加工材料约 6 mm。

(4) 加工时必须将防护盖关闭,避免激光辐射,以及避免使排气系统的排烟效率降低。

(5) 在激光雕切的整个过程中,应避免眼睛、皮肤、可燃物受到激光的直射或散射照射。

【思考与练习】

(1) 简述激光加工切割与雕刻的参数设置异同。

(2) 参考实例进行零件切割操作。

项目五

激光光路调试

项目描述

激光在当今设备的现代化发展中应用得非常广泛，其主要应用有激光打标、光纤通信、激光测距、激光切割、激光矫视、激光美容、激光扫描、激光灭蚊等。经过近年来的迅猛发展，激光已经应用至各行各业，包括汽车、计算机、航空航天、机械加工、化工、医疗美容等行业，激光以其独有的特性及优势逐步取代了大部分传统加工制造工艺，并在不断改进、优化。

激光的出现引发了一场信息革命，从VCD、DVD到激光照排，激光的使用大大提高了信息的保存和提取效率，"激光革命"意义非凡。激光的空间控制性和时间控制性很好，对加工对象的材质、形状、尺寸和加工环境的自由度都很大，特别适用于自动化加工。激光加工系统与计算机数控技术相结合可构成高效自动化加工设备，其已成为企业实行适时生产的关键技术，为优质、高效和低成本的加工生产开辟了广阔的前景。如今，激光技术已经融入人们的日常生活中了，在未来的岁月中，激光会带给人们更多的奇迹。

随着激光加工设备在各行各业的普及，激光行业相关的技能型人才的缺口不断扩大。一个成熟的激光技术人员必须能熟练运用激光知识及激光设备。在种种激光设备的日常使用当中，光学调试及维护工作是至关重要的，激光光路运行的状态直接影响到设备的整体性能。JHJC-PT型脉冲激光光路调试实训平台是针对激光光学调试及维护训练而专门研发、设计的。

JHJC-PT型脉冲激光光路调试实训平台的特点如下。

(1) 设备将典型激光设备中的激光光学系统模块化，将其独立成体系，设备能够脱离主机设备单独完成激光光路的调试。

(2) 设备各光学器件可拆卸、安装、调试，以方便使用者自主动手，同时适合教学应用。

(3) 设备具备激光光纤耦合及传输技术调试功能。

项目目标

【知识目标】

了解激光器系统各组成器件的作用及工作原理。

【能力目标】

掌握调试激光光路的步骤和方法。

【职业素养】

培养学生耐心、细致、严谨的工作作风。

项目准备

【资源要求】

JHJC-PT 型脉冲激光光路调试实训平台。

【材料工具准备】

(1) M3、M4、M5 内六角扳手各 1 个。

(2) 美纹纸若干。

【相关资料】

JHJC-PT 型脉冲激光光路调试实训平台说明书。

项目分解

任务 1　激光谐振腔的安装调试

任务 2　激光光纤耦合及传输调试

任务 3　光斑调试

任务 4　熟悉激光检测软件

任务 1　激光谐振腔的安装调试

【接受工作任务】

1. 引入工作任务

JHJC-PT 型脉冲激光光路调试实训平台的激光谐振腔安装在光具座内，其是整个产品的核心，其实质上由两个部件构成，即光放大器和光谐振腔。JHJC-PT 型脉冲激光光路调试实训平台以 Nd:YAG 固体激光器为核心激光器来进行脉冲激光的调试实训，可用于安装调试聚光腔、半反镜、全反镜。

2. 任务目标及要求

1）任务目标

（1）安装调试聚光腔、半反镜、全反镜，使红光反射点与红光发射点重合。学习硬光路部分的安装调试。

（2）正确安装聚光腔，通水后，聚光腔应无漏水现象。

（3）了解激光的产生过程。

2）任务要求

（1）了解谐振腔的工作原理，认识调光平台。

（2）掌握聚光腔的安装方法。

（3）掌握谐振腔的安装调试方法，掌握全反镜、半反镜、聚光腔的安装位置。

【信息收集与分析】

1. 激光产生的原理及特性

激光的意思是"受激辐射的光放大"。那么，什么叫"受激辐射"呢？理论上，在组成物质的原子中，有不同数量的粒子（电子）分布在不同的能级上，在高能级上的粒子受到某种光子的激发，会从高能级跳（跃迁）到低能级上，这时将会辐射出与激发它的光性质相同的光，而且在某种状态下，能出现一个弱光激发出一个强光的现象，这就叫作"受激辐射的光放大"，简称激光。

工作物质、光学谐振腔和泵浦源是激光产生的三大基本要素，缺一不可。

工作物质为激光器的核心部分，是指用来实现粒子数反转并产生光的受激辐射放大作用的物质体系，有时也称为激光增益媒质。常见的工作物质有固体（Nd:YAG 晶体）、气体（原子气体、离子气体、分子气体）等。

泵浦源是指为工作物质实现并维持粒子数反转提供能量来源的机构或装置。根据工作物质和激光器运转条件的不同，可以采取不同的激励方式和激励装置，常见的泵浦方式有：① 光学激励（光泵），采用氙灯/氪灯等放电光源；② 气体放电激励，利用在气体工作物质内发生的气体放电过程来实现粒子数反转；③ 化学激励；④ 核能激励等。

光学谐振腔是由具有一定几何形状和光学反射特性的两块反射镜按特定的方式组合而成的，其作用为：① 提供光学反馈能力，使受激辐射光子在腔内多次往返，形成相干的持续振荡；② 对腔内往返振荡光束的方向和频率进行限制，以保证输出激光具有一定的方向性和单色性。

2. 产品结构及主要技术指标

JHJC-PT 型脉冲激光光路调试实训平台是专门针对教学实训而设计的集激光器、激光电源、机械系统、检测及自动控制系统于一体的高科技产品。

JHJC-PT 型脉冲激光光路调试实训平台采用 Nd:YAG 固体激光器为核心激光器来进行脉冲激光的调试实训。其主机设备质量稳定、操作方便、维护简单，实为激光光路调试实训教学方面应用的理想选择。其外部结构如图 5-1-1 所示。

JHJC-PT 型脉冲激光光路调试实训平台主要由主体机械、光路系统、电气控制系统、水

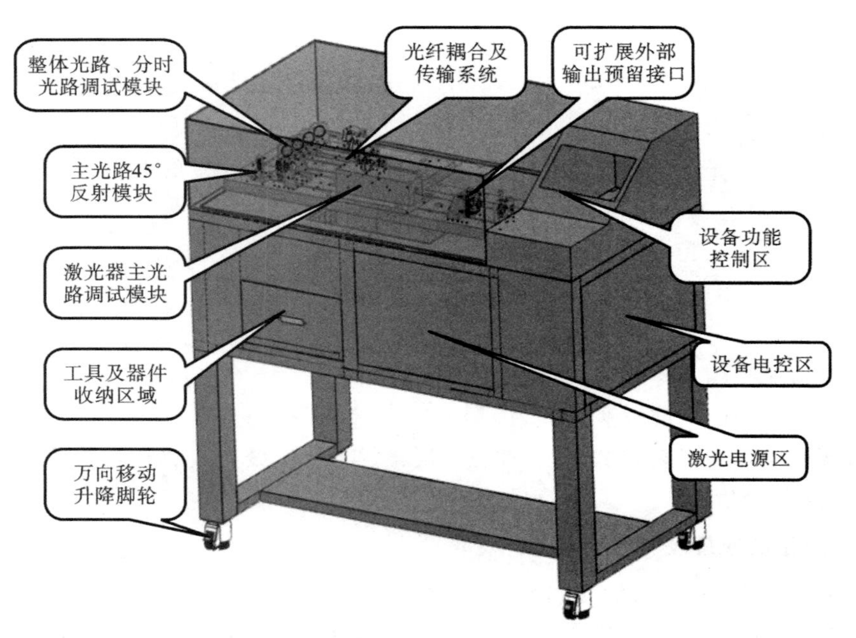

图 5-1-1　JHJC-PT 型脉冲激光光路调试实训平台外部结构示意图

冷系统等组成，主要器件参数如表 5-1-1 所示。

表 5-1-1　设备主要器件参数

设备组成		基本参数信息
主体机械	设备主机柜	高强度钣金一体化机身
	输入电源	AC 220V 50Hz(单相)
光路系统	激光器	Nd:YAG 固体激光器
	定位指示光	635nm 红光
	光学镜架	精密二/四维调整镜架
	光学镜片	Φ20 mm×5 mm
	光纤耦合系统	光纤耦合聚焦镜座
	光纤	Φ0.6 mm×1 m 金属护套光纤
	分光系统	四路分光/分时系统
电气控制系统	激光电源	AC 220V 50Hz
	接口预留	配置专用激光光学质量检测系统
	电器元件	接触器、继电器、按键、开关电源等
水冷系统	激光冷却装置	循环水冷
	保护装置	超温保护、断水保护

安装聚光腔(以双氙灯为例，聚光腔结构见图 5-1-2)的方法如下。

(1) 先用 M5 内六角扳手将上下腔体连接锁紧螺丝拆下，揭开上腔体，将其放在一边待

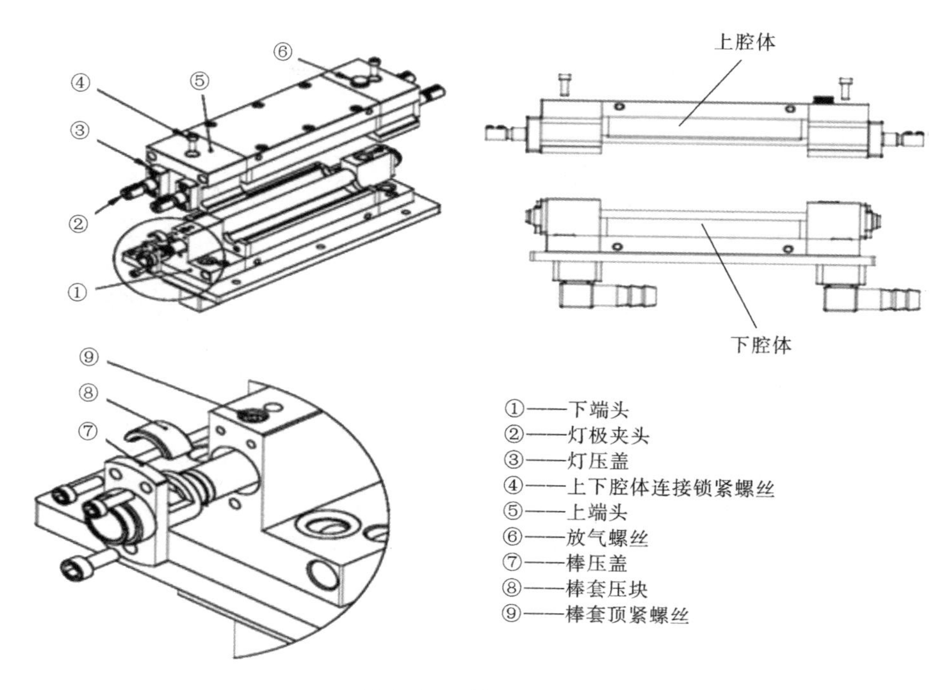

图 5-1-2　聚光腔结构

用。如腔体内已通入冷却水，可先拧松棒套顶紧螺丝将余水放尽后再拆开腔体，这样可避免余水滴在腔体反射面上。

(2) 再用 M3 内六角扳手将棒套顶紧螺丝拧松到一定距离，便于棒压盖从下端头孔中取出。

(3) 用 M3、M4 内六角扳手拧下下端头两端的棒压盖螺丝，取出棒压盖、棒套压块、密封圈、垫片，将晶体棒套组件放入下腔体内，将棒套压块合在棒压盖上，再依次将垫片、密封圈、棒压盖套入晶体棒套组件放入下端头孔内，旋上棒压盖螺丝，调整好晶体棒套组件在下腔体中的位置，再拧紧棒压盖螺丝即可。

(4) 再用 M3 内六角扳手将棒套顶紧螺丝拧紧，压紧棒套压块，也就同时压紧了棒套，但要注意力度，以免棒套变形。

(5) 将揭开的上腔体顶面朝下平放在工作台上，用 M4 内六角扳手拧下上端头两端的灯压盖螺丝，拆下灯压盖和灯压盖密封圈(2 个/边)。

(6) 将准备好的氙灯放入上端头的孔内，依次套入灯压盖密封圈和灯压盖，旋上灯压盖螺丝，调整灯在上腔体中的相对位置，拧紧螺丝即可。

(7) 在晶体和灯安装完成后，将上腔体按扣合方向合在下腔体上，拧紧上下腔体连接锁紧螺丝，在灯两端装上灯极夹头并锁紧即可。

聚光腔及谐振腔的调试方法如下。

(1) 调整聚光腔，将晶体盖帽分别装到晶体的两端，如图 5-1-3 所示，调整红光，使其与 YAG 晶体轴线同轴，即红光同时透过晶体棒套两端的小孔光阑，并在美纹纸上呈现一个圆形的红色光斑(经反射后与红光发射点重合为止)。若不能反射到红光发射点，可调整聚光腔上的四个顶紧螺丝，如图 5-1-4 所示。

图 5-1-3 晶体盖帽

图 5-1-4 聚光腔的顶紧螺丝

(2) 将半反镜片装上，锁紧后，通过调整半反镜架上的两个调整螺丝，如图 5-1-5 所示，将红光反射点调到与红光发射点重合。

(3) 将全反镜片装上，锁紧后，通过调整全反镜架上的两个调整螺丝，如图 5-1-5 所示，将红光反射点调到与红光发射点重合。

注意事项如下。

(1) 在安装腔体时，要注意轻拿轻放，不得有大的震动，以免损坏玻璃管或影响整个腔体的装配精度，并必须带上指套。

(2) 在安装腔体或更换灯时，要注意保证整个腔体和配件的清洁，不得用手直接触摸反光瓦块镀金反射面。可准备一些干净的镜头纸和乙醇，随时清洁腔体和配件上的污物。

(3) 在装灯、装棒时不得遗漏垫片、密封圈等小部件，否则会引起漏水或其他不良后果。

(4) 在用棒套顶紧螺丝顶紧棒套时，不得用力过大，以免损坏棒套。

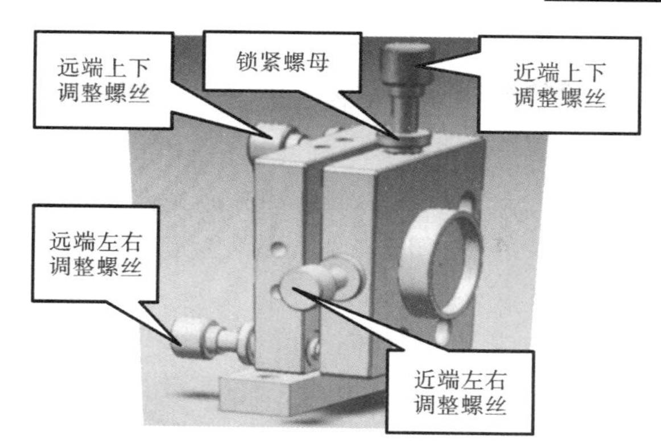

图 5-1-5　镜架螺丝

(5) 在拧紧放气螺丝时,不得用力过大,以免螺纹拔丝,只要能保证不漏水即可。

(6) 扣合上、下腔体时不得装反方向,否则可能会损坏腔体。可参照遮光定位条或对接水孔方位进行扣合。

【制订工作计划】

为激光谐振腔的安装调试制订工作计划,如表 5-1-2 所示。

表 5-1-2　激光谐振腔的安装调试工作计划

步　骤	工 作 内 容
1	打开空气开关,给电
2	松开急停按钮
3	打开钥匙开关
4	打开水冷系统
5	开机
6	开启红光,装红光指示架,装红光发生器,调红光指示架
7	装聚光腔,调红光光斑
8	装半反镜,调红光光斑
9	装全反镜,调红光光斑

【任务实施】

1. 安全常识

(1) 本机不工作时,应将机罩和半导体模块两端的封罩封好,防止灰尘进入激光器及光学系统。

(2) 本机工作时,非专业人员切勿在开机时检修,以免发生触电事故。

(3) 本机出现故障(如漏水、保险丝烧断、激光器有异常响声等)时,应立刻切断电源。

(4) 不得随意拆卸本机。

2. 工具及材料准备

(1) M3、M4、M5 内六角扳手各 1 个。

图 5-1-6　电源插头

(2) 美纹纸若干。

3. 教师操作演示

(1) 打开空气开关，给电。

JHJC-PT 型脉冲激光光路调试实训平台需接入外部 AC 220V 单相交流电，设备主机采用 AC 220V/16A 三孔插头，如图 5-1-6 所示。

(2) 打开急停按钮，如图 5-1-7 所示。

(3) 打开钥匙开关，如图 5-1-7 所示。

(4) 打开水冷系统。

连接水冷机，在水冷机组中装满纯净水，将透明水管(ϕ10 mm)按标识连接至光路调试平台；再将 12P 航空插头连接至光路调试平台航空插座端，如图 5-1-8 所示。

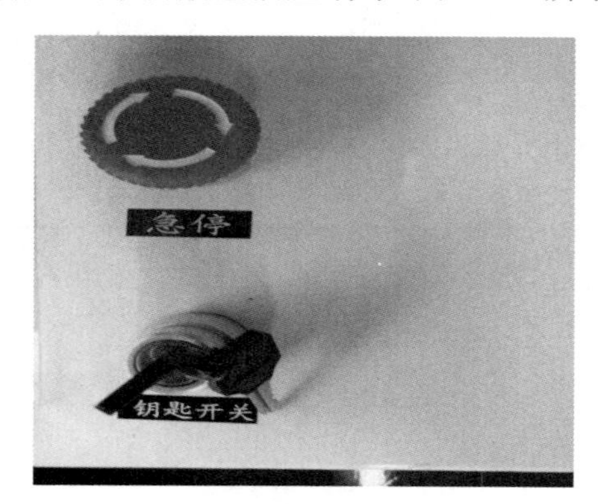

图 5-1-7　急停按钮和钥匙开关

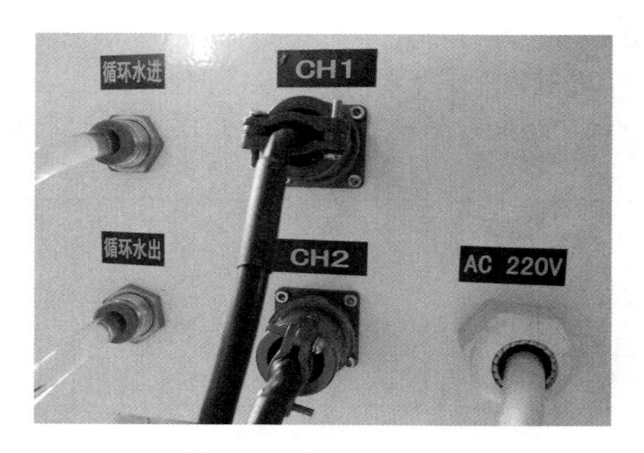

图 5-1-8　制冷系统连接

(5) 开机。按下开机键。

(6) 开启红光，装红光指示架，装红光发生器，调红光指示架。

(7) 装聚光腔，调红光光斑。

调整聚光腔(见图 5-1-9)，将晶体盖帽分别装到晶体的两端，调整红光，使其与 YAG 晶体轴线同轴，即红光同时透过晶体棒套两端的小孔光阑，并在美纹纸上呈现一个圆形的红色光斑(经反射后与红光发射点重合为止)。若不能反射到红光发射点，可调整聚光腔上的四个顶紧螺丝。

(8) 装半反镜，调红光光斑。

将半反镜片装上，锁紧后，通过调整半反镜架上的两个调整螺丝，将红光反射点调到与红光发射点重合。

(9) 装全反镜，调红光光斑。

将全反镜片装上，锁紧后，通过调整全反镜架上的两个调整螺丝，将红光反射点调到与红光发射点重合。

4. 学生操作

学生在教师的指导下进行分组操作，练习聚光腔、谐振腔的安装调试，教师进行总结、评价。

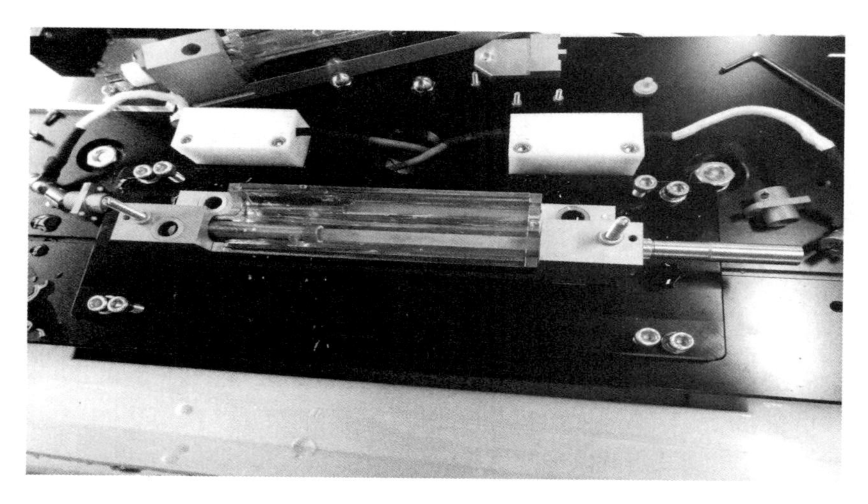

图 5-1-9　聚光腔

5. 工作记录

序号	工 作 内 容	工 作 记 录

工作后的思考：

【检验与评估】

1. 教师考核

2. 小组评价

---

3. 自我评价

【思考与练习】

(1) 简述谐振腔的工作原理。

(2) 简述聚光腔的安装步骤及注意事项。

(3) 简述谐振腔的安装调试步骤，说明全反镜、半反镜、聚光腔的安装位置。

【知识拓展】

激光技术发展简史

(1) 1953 年，Prokhorov 和 Townes(见图 5-1-10)分别独立报道了第一个微波受激辐射放大器(Maser)。

图 5-1-10 Prokhorov(左)和 Townes(右)

(2) 1958 年，Townes 和 Schawlow(见图 5-1-11)抛弃了尺度必须和波长可比拟的封闭式谐振腔的老思路，提出利用尺度远大于波长的开放式光谐振腔实现激光器的新思想。

(3) 美国休斯公司实验室一位从事红宝石荧光研究的年轻人 Maiman(见图 5-1-12)在 1960 年 5 月 16 日利用红宝石棒首次观察到激光。

(4) 1960 年 7 月 7 日，Maiman 正式演示了世界上的第一台红宝石固态激光器，他在 *Nature*(1960 年 8 月 16 日)发表了一个简短的通知。

(5) 1961 年，第一台气体(He-Ne)激光器诞生，同年，中国第一台激光器诞生(见图5-1-13)。

(6) 1962 年，第一台半导体激光器诞生。

(7) 1964 年，第一台 CO_2 激光器诞生。

图 5-1-11　Schawlow

图 5-1-12　Maiman

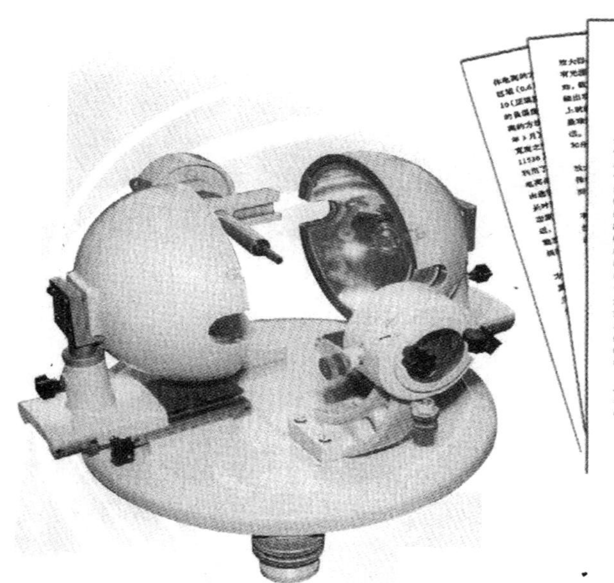

图 5-1-13　中国第一台激光器及相关论文

(8) 1965 年，第一台 YAG 激光器诞生。

(9) 1971 年，第一台商用 1 kW 的 CO_2 激光器诞生。

(10) 1971—1980 年，激光切割、焊接、表面处理等激光加工技术的研究工作逐步开展。

任务 2　激光光纤耦合及传输调试

【接受工作任务】

1. 引入工作任务

在 JHJC-PT 型脉冲激光光路调试实训平台上完成光纤耦合及传输调试。

2. 任务目标及要求

1）任务目标

完成耦合的安装调试。

2）任务要求

(1) 了解光纤耦合的作用,掌握耦合的安装调试方法。

(2) 了解脉冲激光光路调试实训平台的使用方法及注意事项。

【信息收集与分析】

1. 光纤耦合及传输调试

(1) 调整45°反射镜架,将激光调整至光纤耦合系统进光口的中心,将传输光纤安装至光纤耦合系统输出端;然后利用光纤耦合观察镜观察红光是否位于光纤端面的正中心(由于此时激光已经和红光同轴,所以可以以红光位置为基准)。

(2) 将红光调整至光纤端面的正中心后,操作电源面板输出激光,观察光纤输出端输出的激光形状及质量,此时光纤耦合输出系统调整完毕。

2. 光路系统的维护

长时间使用设备后,空气中的灰尘将吸附在聚焦镜和晶体端面上,轻者将降低激光器的输出功率,重者将使光学镜片吸热,以致其炸裂。当激光器功率下降时,如电源工作正常,此时应仔细检查各光学器件:聚焦镜是否因飞溅物造成污染、谐振腔膜片是否遭到污染或损坏、晶体端面是否漏水或遭到污染。

3. 镜片的清洁

镜片镀膜层应面向激光来的方向安装。设备内部系统光路如有灰尘进入,会影响焊接质量。在清洁镜片时,擦拭时不可用力过大,以免刮伤镜片。清洁步骤如下:卸下镜架压圈及保护套筒,小心取下光学镜片;用吹气球吹去透镜表面的浮尘;用镊子小心夹住脱脂棉球,蘸取无水乙醇或专用镜片清洁剂等轻轻擦拭镜片,要由内向外朝一个方向轻轻擦拭,如图5-2-1所示。

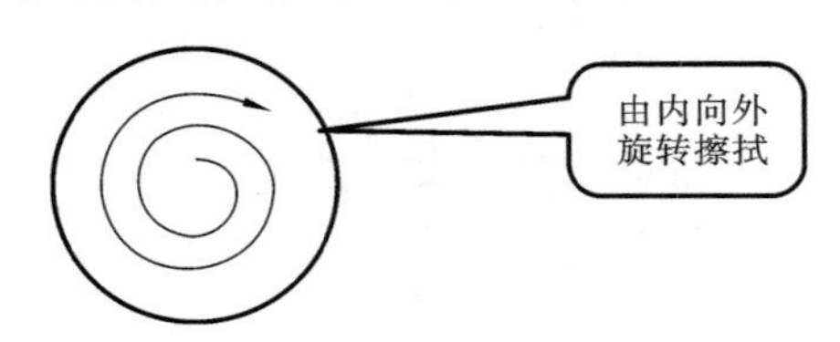

图 5-2-1 镜片的擦拭方向

注意:不允许来回擦镜片,更不可让镜片被利物划伤。透镜表面镀有增透膜,膜层损伤将会极大影响激光能量输出。

【制订工作计划】

为激光光纤耦合及传输调试制定工作计划,如表5-2-1所示。

表 5-2-1 激光光纤耦合及传输调试工作计划

步骤	工作内容
1	(在任务1的基础上)装45°反射镜架,将近端、远端红光调在一条线上
2	装另外一个45°反射镜架,将近端、远端红光调在一条线上
3	装耦合,利用耦合观察镜使耦合的红光光斑清晰呈在光纤端面的正中间
4	操作电源面板输出激光,观察光纤输出端输出的激光形状及质量,此时光纤耦合输出系统调整完毕

【任务实施】

1. 安全常识

(1) 本机不工作时，应将机罩和半导体模块两端的封罩封好，防止灰尘进入激光器及光学系统。

(2) 本机工作时，非专业人员切勿在开机时检修，以免发生触电事故。

(3) 本机出现故障(如漏水、保险丝烧断、激光器有异常响声等)时，应立刻切断电源。

(4) 不得随意拆卸本机。

2. 工具及材料准备

(1) M3、M4、M5 内六角扳手各 1 个。

(2) 美纹纸若干。

3. 教师操作演示

(1) (在任务 1 的基础上)装 45°反射镜架，将近端、远端红光调在一条线上。

(2) 装另外一个 45°反射镜架，将近端、远端红光调在一条线上。

(3) 装耦合，利用耦合观察镜使耦合的红光光斑清晰呈在光纤端面的正中间。

(4) 操作电源面板输出激光，观察光纤输出端输出的激光形状及质量，此时光纤耦合输出系统调整完毕。

4. 学生操作

学生在教师的指导下进行分组操作，完成激光光纤耦合及传输调试，每组训练完成后上交作业，教师进行总结、评价。

5. 工作记录

序号	工 作 内 容	工 作 记 录

工作后的思考：

【检验与评估】

1. 教师考核

2. 小组评价

3. 自我评价

【思考与练习】

(1) 独立完成光纤耦合及传输调试。

(2) 简述脉冲激光光路调试实训平台的使用方法及注意事项。

【知识拓展】

新型固体激光器

1) 半导体泵浦固体激光器

半导体泵浦固体激光器与闪光灯泵浦固体激光器相比,其优点主要包括:能量转换效率高、产生的无功热量小、寿命长、结构简单、使用方便等。

半导体泵浦固体激光器的泵浦方式示意图如图 5-2-2 所示。

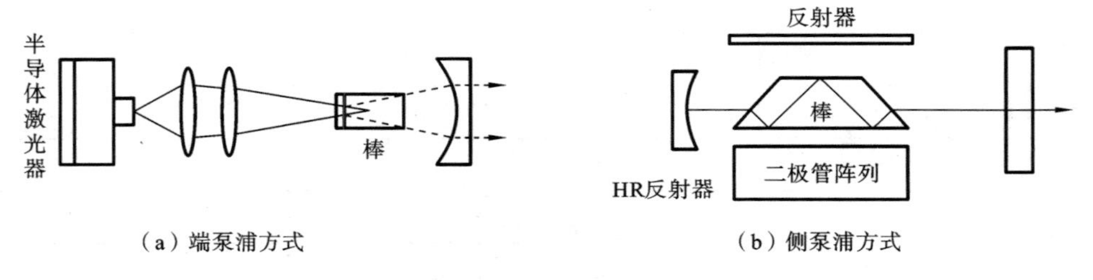

(a) 端泵浦方式　(b) 侧泵浦方式

图 5-2-2 半导体泵浦固体激光器的泵浦方式示意图

2) 可调谐固体激光器

实现激光器调谐的基本要素有:工作物质能够提供较宽的连续或准连续的荧光光谱带,在谐振腔内要插入适当的调谐器件。

可调谐固体激光器主要有两类,一类是色心激光器,一类是用掺过渡族金属离子的激光晶体制作的可调谐激光器。

可调谐固体激光器示意图如图 5-2-3 所示。

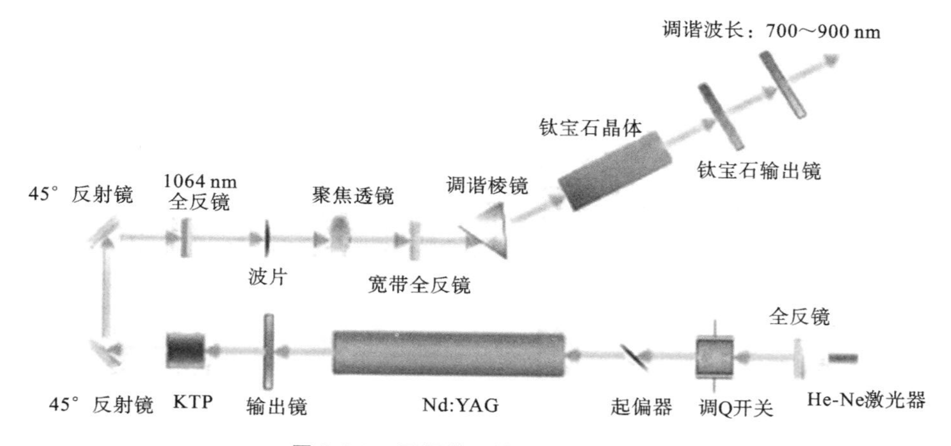

图 5-2-3　可调谐固体激光器示意图

3）高功率固体激光器

高功率固体激光器主要是指输出平均功率在几百瓦以上的各种连续、准连续及脉冲固体激光器，它一直是军事领域重要的研究方向和激光加工领域重要的研究方向。

从 20 世纪 70 年代起就开始研制的板条形固体激光器是为克服工作物质中的热分布及其引起的一系列如折射率分布、应力双折射等固有矛盾而提出的一种结构方案，其结构如图 5-2-4 所示。

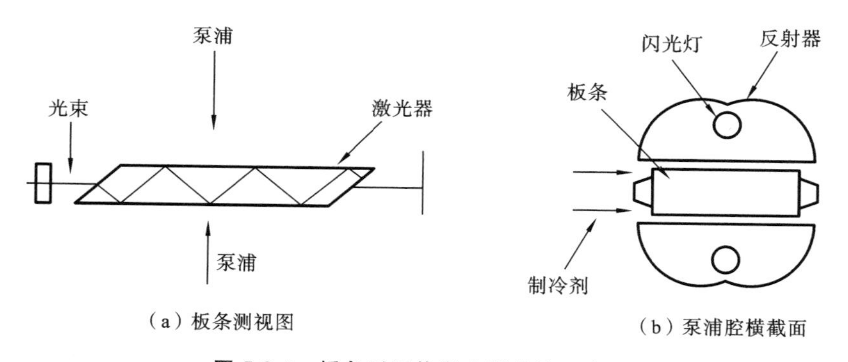

（a）板条测视图　（b）泵浦腔横截面

图 5-2-4　板条形固体激光器结构示意图

任务 3　光斑调试

【接受工作任务】

1. 引入工作任务

运用脉冲激光光路调试实训平台进行光斑调试，应特别注意水循环过程。

2. 任务目标及要求

1）任务目标

运用 JHJC-PT 型脉冲激光光路调试实训平台进行光斑调试。

2）任务要求

（1）掌握设备的开关机步骤。

（2）熟练掌握外水循环水冷机的使用方法。

（3）熟练掌握电源面板的功能和使用方法。

（4）熟练掌握光斑的调试方法。

【信息收集与分析】

1. 开关机步骤

1）开机

（1）打开空气开关。

（2）释放急停开关，打开钥匙开关。

（3）按压开机按钮，打开激光电源。

（4）打开外循环水冷机。

（5）按压红光键，打开红光指示器。

（6）按电源面板“开机”键，打开激光。

（7）按压激光键，指示灯亮起，激光输出正常。

2）关机

（1）关闭激光键，其上指示灯熄灭。

（2）关闭红光键，其上指示灯熄灭。

（3）按压选项键，直至大屏幕显示“OFF”字样。

（4）按压确认键，程序自动执行关机。

（5）当预燃指示灯熄灭后，关闭钥匙开关或按压急停开关，使其处于关闭状态。

（6）断开空气开关。

（7）关闭外循环水。

2. 水循环过程

水冷机的出水口连接过滤芯的进口端；过滤芯的出口端连接聚光腔的进水口；聚光腔的出水口连接水冷机的进水口。

3. 激光电源面板

激光电源面板如图 5-3-1 所示，系统包含状态、编程、功能、参数、手动、帮助六个控制界面。

点击“编程”标签进入编程界面。

编程界面分为高级编程和普通编程两个界面，可由下方的“下页”键进行切换。

设备通电后，默认进入的是普通编程界面，在该界面可配置最常用的基本参数，包括起/止电流、脉宽、频率、分段号和切换号。

此时电源还未打开，上方命令行显示状态为“系统关闭”，右边的指示灯均为熄灭状态。用户可选择在开机之前或者之后配置参数，以开启双灯电源为例，需要配置如下参数进行出光：

① 程序号：第一组；

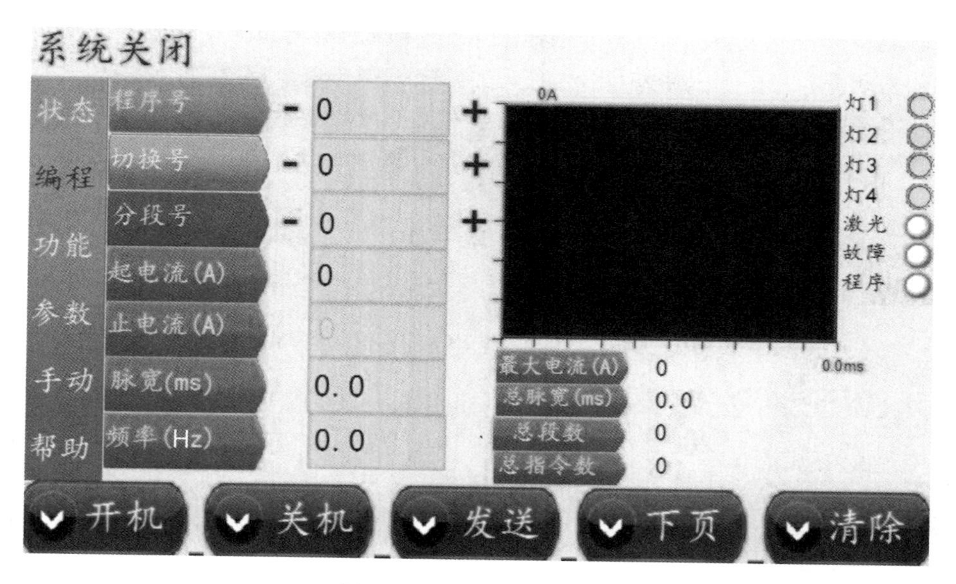

图 5-3-1 激光电源面板图

② 电流:200 A;

③ 脉宽:2.0 ms;

④ 频率:10 Hz。

具体操作流程如下。

(1) 选择下方"开机"键,确认开机后,上方命令行依次显示当前设备运行动作,依次为:"开主继电器"、"开软启动"、"正第一次预燃"。等待 1 分钟左右的预燃时间,右方"灯 1"和"灯 2"均为绿色正常显示,代表预燃成功,此时上方命令行显示"等待程序"字样,表示可以进行参数配置。

(2) 默认从程序 1 开始进行配置,点击起电流、脉宽或频率对应的输入框,在弹出的输入按键中配置要求的参数,然后选择下方的"发送"键,即可将输入数据上传至控制台,踩脚踏信号即可按照配置要求进行出光,在氙灯激发的同时,界面上方命令行显示"正在出光",并且右方"激光"指示灯点亮。断开脚踏信号时,上方命令行显示此时处于待机状态,提醒使用者此时设备正在运行,氙灯可随时激发。配置后的程序界面如图 5-3-2 所示。

另外,该系统还提供了分段编程功能,分段即指将一组程序分为多段来完成,本系统支持 32 段编程,默认分段号为 1,表示不分段编程。以 5 段编程为例,需求如下:

频率:10 Hz

第一段:100 A　　1.0 ms

第二段:200 A　　1.5 ms

第三段:150 A　　1.5 ms

第四段:120 A　　0.8 ms

第五段:220 A　　2.0 ms

具体操作流程如下。

(1) 将分段号设置为 1,输入第 1 段的电流和脉宽参数。

（2）分别将分段号设置为2～5，分别输入第2～5段的电流和脉宽参数。

（3）输入频率。

此时发送参数即为5段编程的程序，在面板右方的波形显示界面中会实时显示当前参数对应的波形。若假设分段1～5的脉宽分别为t_1～t_5，则波形显示如图5-3-3所示。

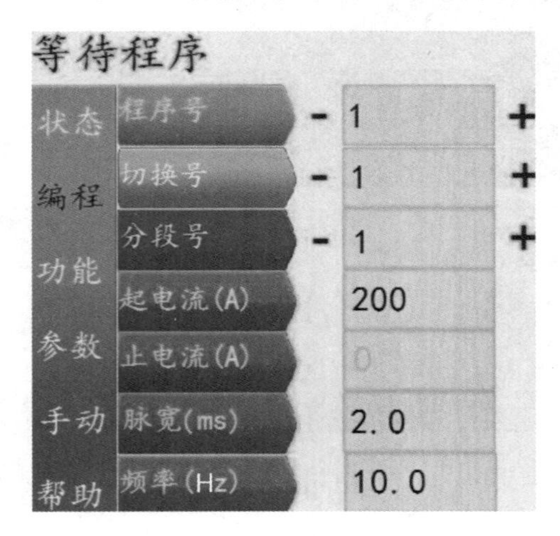

图5-3-2 配置后的程序界面

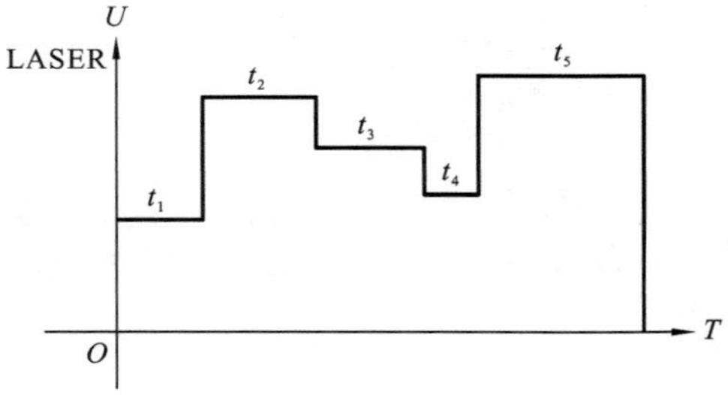

图5-3-3 5段编程波形显示图

需要注意的是，分段编程后的脉宽值为每段脉宽值的总和，因此需要保证编程后的总功率在设备允许范围之内，否则将不允许增加新的分段。而如若想删除一个分段，只需将该分段的脉宽值设定为0即可。

【制订工作计划】

为光斑调试制订工作计划，如表5-3-1所示。

表5-3-1 光斑调试工作计划

步骤	工作内容
1	打开空气开关
2	释放急停开关，打开钥匙开关
3	按压开机按钮，打开激光电源
4	打开外循环水冷机
5	按压红光键，打开红光指示器
6	按电源面板“开机”键，打开激光
7	按压激光键，指示灯亮起，激光输出正常
8	点击“编程”标签进入编程界面
9	配置最常用的基本参数，包括：起/止电流、脉宽、频率、分段号和切换号
10	进行分段编程
11	关闭激光键，其上指示灯熄灭
12	关闭红光键，其上指示灯熄灭

续表

步　骤	工 作 内 容
13	按压选项键，直至大屏幕显示“OFF”字样
14	按压确认键，程序自动执行关机
15	当预燃指示灯熄灭后，关闭钥匙开关或按压急停开关，使其处于关闭状态
16	断开空气开关
17	关闭外循环水

【任务实施】

1. 安全常识

(1) 本机不工作时，应将机罩和半导体模块两端的封罩封好，防止灰尘进入激光器及光学系统。

(2) 本机工作时，非专业人员切勿在开机时检修，以免发生触电事故。

(3) 本机出现故障(如漏水、保险丝烧断、激光器有异常响声等)时，应立刻切断电源。

(4) 不得随意拆卸本机。

2. 教师操作演示

(1) 打开空气开关。

(2) 释放急停开关，打开钥匙开关。

(3) 按压开机按钮，打开激光电源。

(4) 打开外循环水冷机。

(5) 按压红光键，打开红光指示器。

(6) 按电源面板“开机”键，打开激光。

(7) 按压激光键，指示灯亮起，激光输出正常。

(8) 点击“编程”标签进入编程界面。

(9) 配置最常用的基本参数，包括：起/止电流、脉宽、频率、分段号和切换号。

(10) 进行分段编程。

(11) 关闭激光键，其上指示灯熄灭。

(12) 关闭红光键，其上指示灯熄灭。

(13) 按压选项键，直至大屏幕显示“OFF”字样。

(14) 按压确认键，程序自动执行关机。

(15) 当预燃指示灯熄灭后，关闭钥匙开关或按压急停开关，使其处于关闭状态。

(16) 断开空气开关。

(17) 关闭外循环水。

3. 学生操作

学生在教师的指导下进行分组操作，进行光斑调试，每组训练完成后上交作业，教师进行总结、评价。

4. 工作记录

序号	工 作 内 容	工 作 记 录

工作后的思考：

【检验与评估】

1. 教师考核

2. 小组评价

3. 自我评价

【思考与练习】

（1）简述设备的开关机步骤。

（2）简述外循环水冷机的使用方法。

（3）简述电源面板的功能和使用方法。

（4）简述光斑的调试方法。

【知识拓展】

光纤耦合激光器参数

光纤耦合激光器是一款工业机器，其最小光斑直径为 0.3 mm，光斑大小可以根据使用距离进行调节，其基本参数如下。

(1) 波长：532 nm、635 nm、650 nm、658 nm、780 nm、808 nm、980 nm。

(2) 出瞳功率：0.3～50 mW。

(3) 发散角：0.1～0.6 mrad。

光学系统透镜：光学镀膜玻璃透镜、优质非球面塑胶透镜。

光纤芯径：9～200 μm。

工作电压：直流 3 V、4.5 V、5 V、9 V、12 V(可选)。

激光级别：Ⅱ级、Ⅲa 级、Ⅲb 级。

工作温度：－10～50 ℃，部分可达 70 ℃。

存储温度：－40～80 ℃。

任务 4　熟悉激光检测软件

【接受工作任务】

1. 引入工作任务

通过具体实例了解激光检测的过程控制参数，学会设置最合理的工艺参数，掌握检测激光质量的方法。

2. 任务目标及要求

1) 任务目标

熟悉激光检测系统，熟悉激光输出监控检测方法等。

2) 任务要求

(1) 熟练掌握检测软件的使用。

(2) 熟练掌握整机的故障排除方法。

(3) 熟练掌握设备的维护保养方法。

(4) 熟练掌握检测的过程，并能掌握光斑的检查方法。

【信息收集与分析】

1. 检测软件的介绍

打开计算机，点击桌面上的“激光光路调试实训系统(连续光)”快捷方式图标或“激光光路调试实训系统(脉冲光)”快捷方式图标，进入激光光路调试实训系统检测软件。

1) 进入初始化界面

初始化界面如图 5-4-1 所示。

在这里，操作者不需要进行任何操作，系统将自动进行初始化。在软件初始化时，系统会自动检查 CCD、串口线以及功率计等是否处于正常工作状态，如设备某部分初始化不成

图 5-4-1　软件初始化界面

功，请注意提示信息。

2）进入程序总界面

各部分设备初始化成功之后，便进入到软件主界面。该软件的操作界面简洁明了，如图 5-4-2 所示。

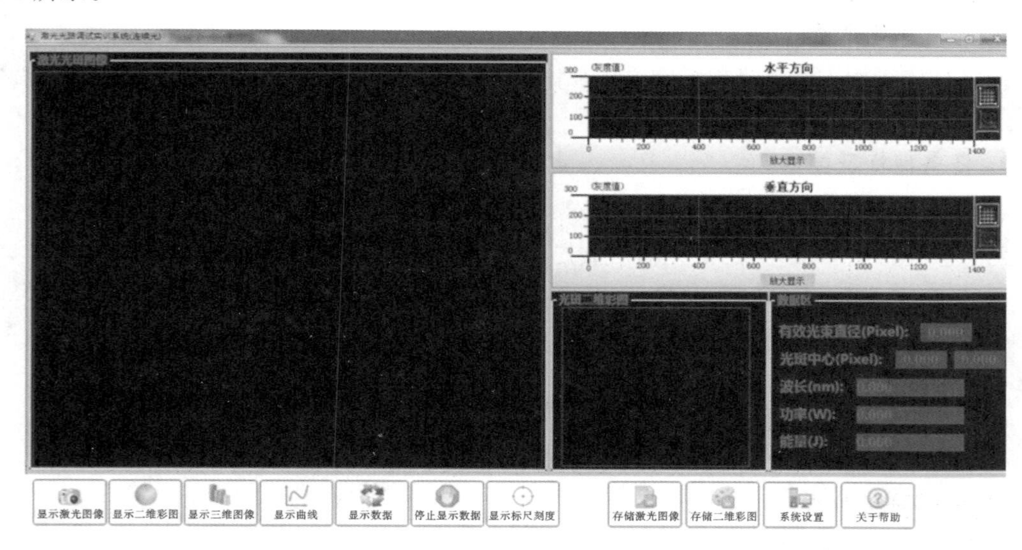

图 5-4-2　软件主界面

（1）界面下方的功能按键区包括“显示激光图像”、“显示二维彩图”、“显示三维图像”、“显示曲线”、“显示数据”、“停止显示数据”、“显示标尺刻度”、“存储激光图像”、“存储二维彩图”、“系统设置”、“关于帮助”11 个功能键。

（2）界面左侧的光斑实时采图区用于显示由 CCD 采集的激光光斑图像。

（3）界面右上方的测试曲线区用于显示输出激光的水平与垂直两个方向的波形图。

（4）光斑二维彩图：根据 CCD 采集的光信号，显示激光光斑的能量分布二维图，不同颜色代表不同的能量。光斑三维图像：根据二维彩图显示激光的空间三维分布。

（5）数据区根据 CCD 和功率计探头给的电信号实时显示激光的光束质量参数。

3）激光输出监控检测

（1）在功能按键区点击“显示激光图像”，系统将实时显示激光光斑图像。由于人眼对不同灰度级的分辨能力有限，因此难以充分利用激光光斑灰度图像中包含的光斑能量分布信息，但是人的眼睛对色彩相当敏感，能区分不同的亮度、色彩和饱和度等。

（2）点击“显示二维彩图”，系统将显示光斑能量分布的伪彩色图，有利于人眼观察光斑的形状及能量分布。双击光斑二维彩图，系统可全屏显示光斑二维彩图，方便使用者观察。

（3）点击“显示三维图像”，系统将显示光斑能量分布的三维分布（见图 5-4-3），将光斑图像进行三维可视化处理后，可更为直观地反映光斑的能量信息及形状。在三维图像显示中，点击“缩小”，可缩放光斑三维显示；将窗口最大化，可全屏显示图像；按住鼠标右键不放可调整观察角度。

（4）点击“存储图片”，可将当前三维图像存储至计算机。

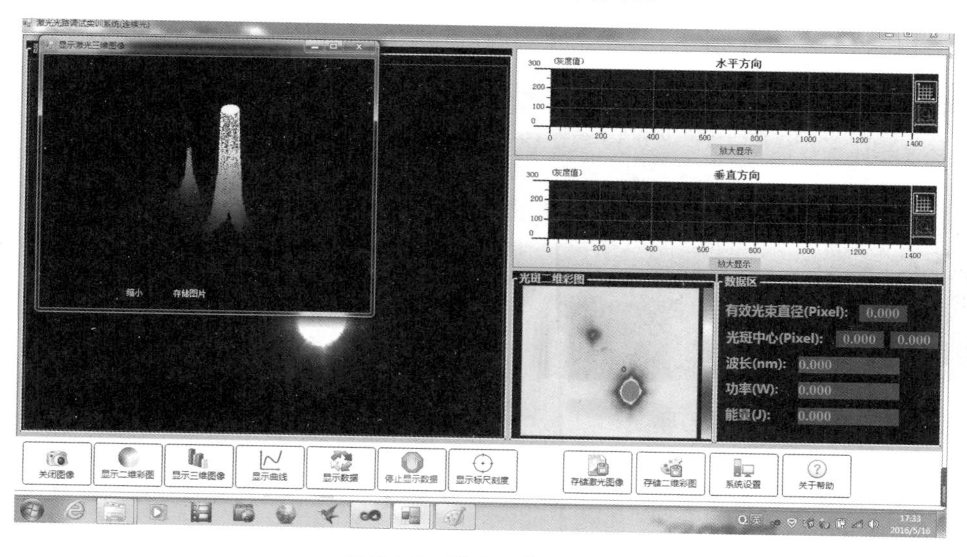

图 5-4-3　激光三维显示图

（5）点击“显示曲线”，系统将显示光斑水平方向和垂直方向光强的曲线分布，如图 5-4-4 所示，了解曲线分布可以帮助学习者了解如何计算光斑尺寸。在测试曲线区点击“放大显示”，系统将全屏显示曲线，方便使用者观察曲线。

（6）点击“显示标尺刻度”，系统将自动计算光斑中心位置及有效光束直径，并用标识线标识，如图 5-4-5 所示。

4）测试数据显示

在功能按键区点击“显示数据”，系统将与激光功率检测下位机进行通信，在数据区显示激光波长及功率数据。点击“停止显示数据”，系统将停止与激光功率检测下位机的通信，数据区的数据不再实时刷新。

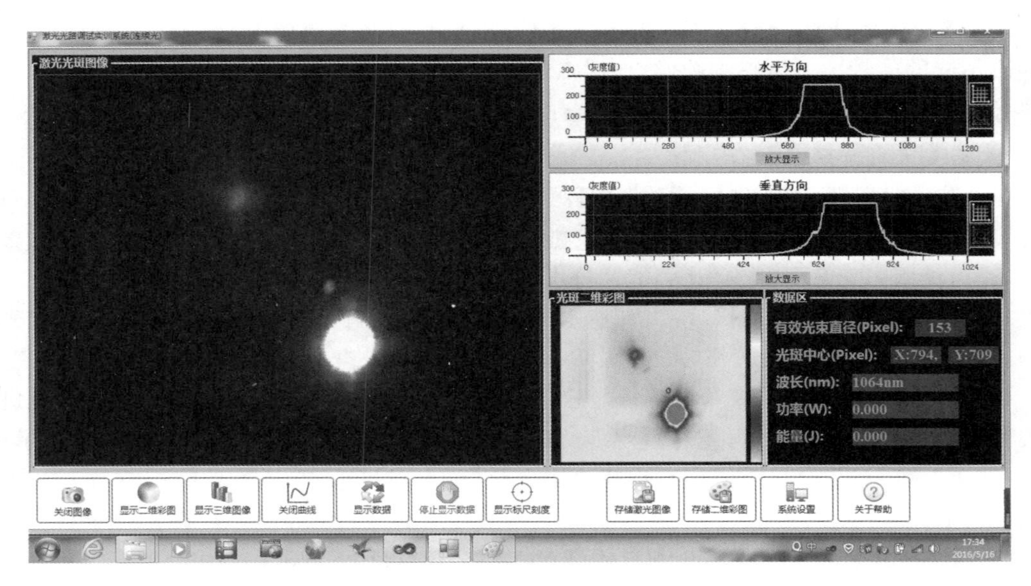

图 5-4-4 显示曲线

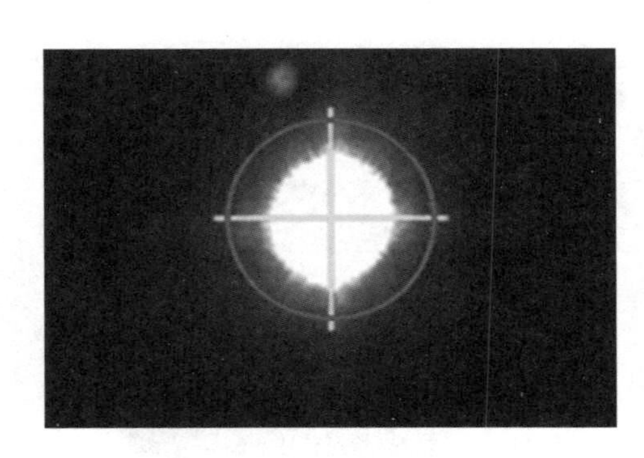

图 5-4-5 显示标尺刻度

2. 设备的维护与保养

(1) 应保持系统清洁,不使用设备时要为其盖上镜头盖。若要对激光驱动电路和CCD驱动卡内部进行清洁,则应由专业人员进行操作,不可擅自拆开电路盒。应保证环境温度和空气湿度适当,防尘、防潮尤为重要。

(2) 保证平台放置水平,不可在仪器上放置其他物品,尽量避免移动平台或使平台震动。

(3) 防止计算机被病毒破坏,严禁随意更改、拷贝软件程序。

(4) 本光学测量设备为精密光电仪器,不可随意拆卸,若有故障,须请专人维修。

【制订工作计划】

为熟悉激光检测软件制订工作计划,如表 5-4-1 所示。

表 5-4-1 熟悉激光检测软件工作计划

步　　骤	工 作 内 容
1	打开计算机,进入激光光路调试实训系统检测软件
2	进入初始化界面
3	进入软件主界面
4	进行激光输出监控检测
5	显示数据
6	进行设备的维护和保养

【任务实施】

1. 安全常识

(1) 本机不工作时,应将机罩和半导体模块两端的封罩封好,防止灰尘进入激光器及光学系统。

(2) 本机工作时,非专业人员切勿在开机时检修,以免发生触电事故。

(3) 本机出现故障(如漏水、保险丝烧断、激光器有异常响声等)时,应立刻切断电源。

(4) 不得随意拆卸本机。

2. 整机检查

(1) 若电源连线脱落,应断电重新连接;若系连接件的损坏,需要重新更换连接件。

(2) 若面阵 CCD 采集不到光强,请检查 CCD 电源线是否松动,若加固后仍不稳定,则可能是驱动存在故障,请联系专业人员排故。

(3) 光路异常时,应逐个检查光学元件参数及其支撑件或调节机构,按照系统布局图对其重新定位。若光学元件参数偏移过大或元件损坏,则应按照设计说明书更换元件。

(4) 若镜片表面有灰尘,请用吹气球清除干净。如果镜片表面有指印、脏点、油迹或其他用吹气球无法清洁的痕迹,请用脱脂棉或镜头纸蘸上少许乙醇乙醚混合液(比例 1∶4)等轻轻擦掉痕迹。

(5) 控制软件异常时,应由管理人员按照备份软件进行恢复。

(6) 若计算机无响应,请检查电源信号线路的连接有无松动,以及是否有病毒入侵。

3. 教师操作演示

(1) 打开计算机,进入激光光路调试实训系统检测软件。

(2) 进入初始化界面。

(3) 进入软件主界面。

(4) 进行激光输出监控检测。

(5) 显示数据。

(6) 进行设备的维护和保养。

4. 学生操作

学生在教师的指导下进行分组操作,熟悉软件功能按键区的各种按键的功能,掌握进行激光输出监控检测的方法、显示数据的方法,掌握设备的维护和保养方法,教师进行总结、评价。

5. 工作记录

序号	工作内容	工作记录

续表

序号	工 作 内 容	工 作 记 录

工作后的思考：

【检验与评估】

1. 教师考核

2. 小组评价

3. 自我评价

【思考与练习】

（1）简述检测软件的使用方法。

（2）简述整机的故障排除方法、设备的维护和保养方法。

项目六

UV 打印机的使用

项目描述

UV 万能平板打印机是近些年来随着数码产业的兴起而逐渐发展起来的一种经由计算机将图像输出到打印机上，通过在计算机上作图，完成将图像打印的过程的设备。

本项目包括两个任务，学生通过完成两个任务可逐步掌握 UV 打印机的使用方法，掌握软件参数的设定方法和打印方案的优化方法。

UV 打印机外观如图 6-0-1 所示。

图 6-0-1　UV 打印机

项目目标

【知识目标】

掌握 UV 打印机的使用方法，熟悉打印参数的设定方法。

【能力目标】

掌握用 UV 打印机打印图片的过程。

【职业素养】

提高学生的自我学习能力。

项目准备

【资源要求】

(1) 搜索或下载像素符合打印要求的世界名画图片和卡通图片。

(2) UV 打印机。

【材料工具准备】

铲刀、透明胶带、A4 铜版纸、手机壳。

【相关资料】

UV 打印机的使用说明和软件参数设定说明。

项目分解

任务 1　在 A4 铜版纸上打印世界名画

任务 2　在手机壳上打印卡通图片

任务 1　在 A4 铜版纸上打印世界名画

【接受工作任务】

1. 引入工作任务

熟悉 UV 打印机的使用方法，熟悉相关软件的参数设定方法与操作方法，打印如图 6-1-1 所示的世界名画。

2. 任务目标及要求

1) 任务目标

用 UV 打印机打印世界名画。

2) 任务要求

(1) 掌握 UV 打印机的使用方法。

(2) 掌握软件参数的设定方法。

【信息收集与分析】

打印软件界面如图 6-1-2 所示。

(1) 作业:用于添加图片。

(2) 光栅图像处理器:用于查看作业的打印时间。

图 6-1-1　世界名画

图 6-1-2　打印软件界面

(3) 中止作业:用于取消打印作业。

(4) 删除:用于删除当前界面图片。

【制订工作计划】

为在 A4 铜版纸上打印世界名画制订工作计划,如表 6-1-1 所示。

表 6-1-1　在 A4 铜版纸上打印世界名画工作计划

步　骤	工 作 内 容
1	打开 UV 打印机,打开计算机,插上加密锁
2	装测试纸,自动清洗打印机,自动校准
3	装 A4 铜版纸,用透明胶带粘牢四个角
4	把名画导入 Photoshop 软件,进行参数设定,保存为存储为 A 中的 pdf 格式;打开 photoprint 软件,导入处理好的图片,进行编排、颜色管理、打印选项设定、分离设定
5	联机,按照打印要求进行白彩设置
6	开始打印
7	打印完成,取下图片
8	用铲刀清理工作台,关闭计算机,关闭 UV 打印机,断开电源

【任务实施】

1. 安全常识

(1) 建议每天使用一次打印机,如无具体加工项目,可打印测试条或几张图片。

(2) 如机器停用一个月以上,建议把喷头拆下来并进行手动清洗,将喷头保存好。

(3) 打印机的喷射距离为 2～3 mm,请注意不能使打印纸与喷头贴得太近,以免刮坏喷头,当然,也不能离得太远,以免影响打印效果。

(4) UV 打印机不适合在反光材料上打印,如不锈钢、镜子等,否则 UV 灯光容易使墨水快速凝固,导致喷头堵塞。

(5) 设备必须接地线。

2. 工具及材料准备

铲刀、透明胶带、A4 铜版纸。

3. 教师操作演示

(1) 打开 UV 打印机,打开计算机,插上加密锁。

(2) 装测试纸,自动清洗打印机,自动校准。

(3) 装 A4 铜版纸,用透明胶带粘牢四个角。

(4) 把名画导入 Photoshop 软件,进行参数设定(见图 6-1-3、图 6-1-4),保存为存储为 A 中的 pdf 格式;打开 photoprint 软件,导入处理好的图片,进行编排(见图 6-1-5)、颜色管理(见图 6-1-6)、打印选项设定(见图 6-1-7)、分离设定(见图 6-1-8)。

图 6-1-3　图层设定

(5) 联机,按照打印要求进行白彩设置,如图 6-1-9 所示。

(6) 开始打印。打印过程如图 6-1-10、图 6-1-11 所示。

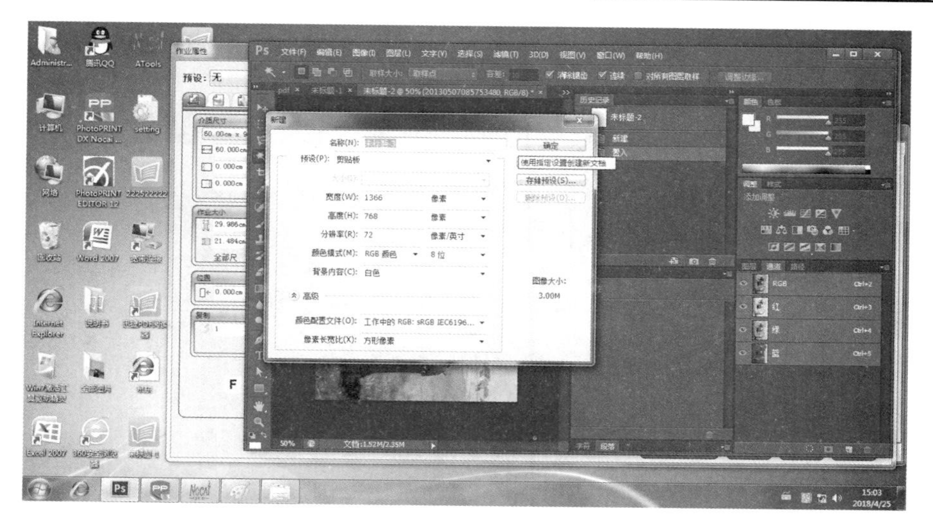

图 6-1-4　界面大小设定

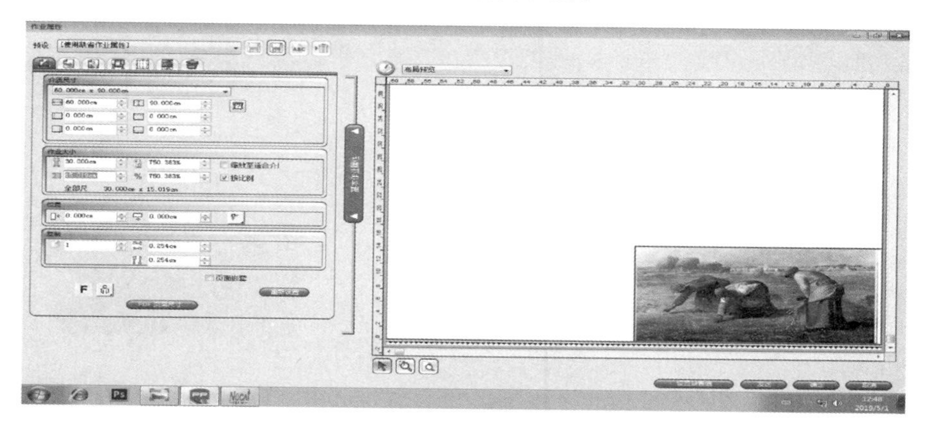

图 6-1-5　编排设定

图 6-1-6　颜色管理

图 6-1-7 打印选项设定

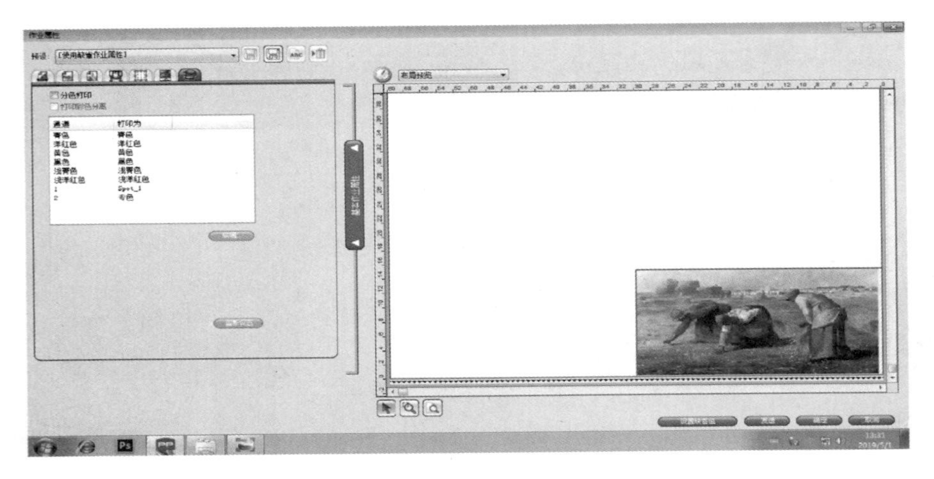

图 6-1-8 分离选项

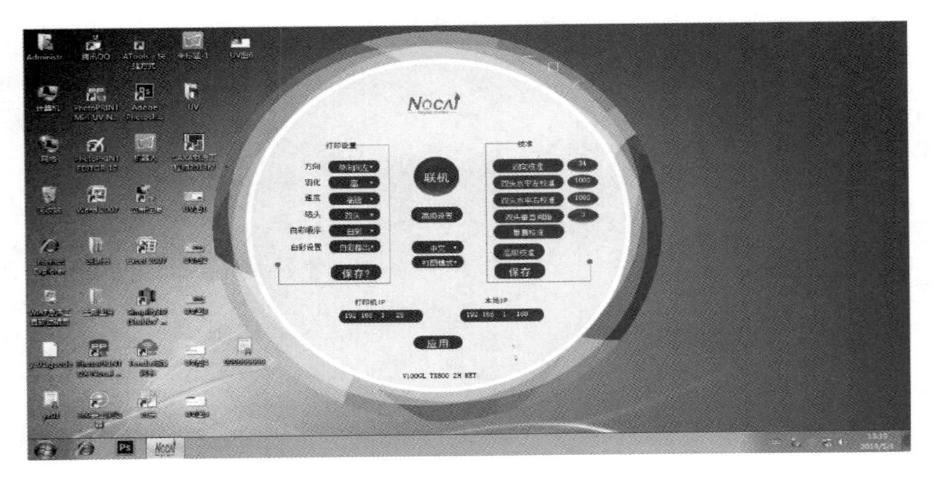

图 6-1-9 白彩设置

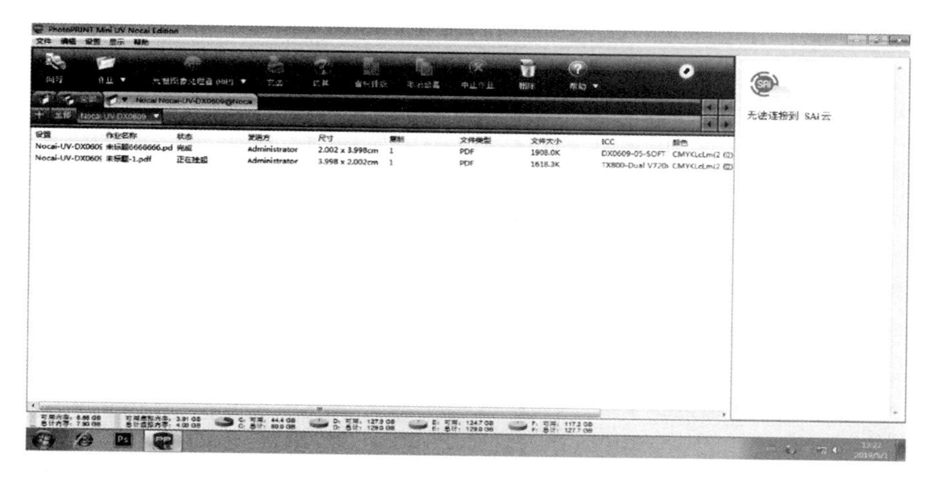

图 6-1-10　打印任务正在挂起

图 6-1-11　打印过程

(7) 打印完成，取下图片。

(8) 用铲刀清理工作台，关闭计算机，关闭 UV 打印机，断开电源。

4. 学生操作

学生在教师的指导下进行分组操作，在 A4 铜版纸上打印世界名画，教师进行总结、评价。

5. 工作记录

序号	工作内容	工作记录

续表

序号	工作内容	工作记录

工作后的思考：

【检验与评估】

1. 教师考核

2. 小组评价

3. 自我评价

【知识拓展】

UV 打印机是一种高科技的免制版全彩色数码印刷机，其不受材料限制，可以在 T 恤、玻璃、水晶、亚克力板、金属板、塑料板、石材、皮革等表面进行彩色照片级印刷。

使用 UV 打印机打印无须制版，可一次完成印刷。UV 打印机操作简单方便、印刷图像速度快，完全符合工业印刷标准。

UV 打印机使用进口 UV 墨水，即喷即干，印刷牢度高。UV 打印机采用最新的 LED 冷光源技术，无热辐射，可瞬间点亮，无须预热，印刷材料表面温度低、不变形。

【思考与练习】

独立借助 UV 打印机在铜版纸上打印图片。

任务 2 在手机壳上打印卡通图片

【接受工作任务】

1. 引入工作任务

掌握 UV 打印机的操作方法，在手机壳上打印如图 6-2-1 所示的卡通图片。

图 6-2-1 卡通图片

2. 任务目标及要求

1）任务目标

用 UV 打印机在手机壳上打印卡通图片。

2）任务要求

(1) 掌握 UV 打印机的使用方法。

(2) 掌握软件参数的设定方法。

【制订工作计划】

为在手机壳上打印卡通图片制订工作计划，如表 6-2-1 所示。

表 6-2-1 在手机壳上打印卡通图片工作计划

步　骤	工 作 内 容
1	打开 UV 打印机，打开计算机，插上加密锁
2	装测试纸，自动清洗打印机，自动校准
3	进行打印前准备工作
4	把图片导入图片处理软件，参考手机壳尺寸设定图片位置和大小

续表

步　骤	工 作 内 容
5	联机，打印图片
6	打印完成后，取下手机壳
7	用铲刀清理工作台，关闭计算机，关闭 UV 打印机，断开电源

【任务实施】

1. 安全常识

安全用电知识和 UV 打印机操作规范。

2. 工具及材料准备

手机壳、铲刀。

3. 教师操作演示

(1) 打开 UV 打印机，打开计算机，插上加密锁。

(2) 装测试纸，自动清洗打印机，自动校准。

(3) 进行打印前准备工作。在工作台上放置手机壳，放好后打开吸风开关(Suction 键)，使手机壳自动被吸附在工作台上，如图 6-2-2 所示。调整喷头高度，使其在手机壳上方 2～3 mm 处即可。

图 6-2-2　手机壳吸附在工作台上

(4) 把图片导入图片处理软件，参考手机壳尺寸设定图片位置和大小。为了美观，图片尺寸可稍大于手机壳的原始尺寸。

(5) 联机，打印图片，如图 6-2-3 所示。

(6) 打印完成后，取下手机壳，成品如图 6-2-4 所示。

(7) 用铲刀清理工作台，关闭计算机，关闭 UV 打印机，断开电源。

图 6-2-3　打印过程

图 6-2-4　打印完成的手机壳

4. 学生操作

学生在教师的指导下进行分组操作，在手机壳上打印卡通图片，教师进行总结、评价。

5. 工作记录

序号	工作内容	工作记录

工作后的思考：

【检验与评估】

1. 教师考核

2. 小组评价

____

____

____

3. 自我评价

____

____

____

【知识拓展】

UV 打印机的故障解决方法

1）故障一：喷头堵塞

UV 打印机的喷头堵塞几乎都是由杂质沉淀引起的，也有可能是因为墨水的酸性太强引发了 UV 打印机喷头的腐蚀。如果是因为 UV 打印机长期未使用或添加的非原装墨水造成了墨水输送系统障碍而导致的喷头堵塞，那么最好对喷头进行清洗操作。如果用水冲洗不能解决问题，则只能将喷头取下，将其浸泡在 50～60 ℃的纯净水中，用超声波清洗机进行清洗，清洗完后晾干即可使用。

2）故障二：摆动速度变慢，造成低速打印

改造连续供墨系统时往往需要对原装墨盒进行改造，这种改造不可避免地会对字车造成负担。在负载过重的情况下，字车会行动缓慢。而且负载过重还会导致 UV 打印机皮带加速老化以及增加字车与连杆的摩擦力。这些都会导致 UV 打印机的打印速度变慢。严重时还会导致字车无法复位，继而无法使用。解决方法如下。

（1）更换马达。

连续供墨系统的胶管与 UV 打印机的壁发生摩擦，会加大电动马达的负荷，长期使用打印机会损耗电动马达，可尝试更换马达。

（2）润滑连杆。

打印机使用久了，机器里面的字车与连杆的摩擦力会变大，进而阻力会增大，导致电动马达运行缓慢，这时可对连杆进行润滑。

（3）润滑皮带。

与马达相连的带动齿轮的摩擦力变大会加速 UV 打印机皮带的老化，这时可清理并润滑皮带。

3）故障三：无法识别墨盒

使用连续供墨系统的用户可能会经常遇到这样的情况：机器在使用一段时间之后，就不再打印了。造成这种现象的原因是 UV 打印机的废墨仓满了，UV 打印机不能识别黑色墨盒。事实上，每种 UV 打印机都有固定的配件寿命设定。当某些配件达到使用寿命时，UV 打印机会提示无法打印。由于使用连续供墨系统易形成废墨，所以很容易导致废墨仓满。

出现这种情况可以做两方面处理：用清零软件对此 UV 打印机主板进行清零复位，以此消除 UV 打印机的设定；到维修点把废墨仓中的海绵换掉。建议用户采用第二种处理方法，因为只是简单清零容易导致废墨泄漏并烧毁 UV 打印机。

【思考与练习】

独立借助 UV 打印机在手机壳上打印卡通图片。

参考文献

[1] 钟正根，肖海兵，陈一峰. 先进激光加工技术[M]. 武汉：华中科技大学出版社，2019.

[2] 王中林，王绍理. 激光加工设备与工艺[M]. 武汉：华中科技大学出版社，2011.